全国高级技工学校电气自动化设备安装与维修专业教材

QUANGUO GAOJI JIGONG XUEXIAO DIANQI ZIDONGHUA SHEBEI ANZHUANG YU WEIXIU ZHUANYE JIAOCAI

KNX 智能家居系统安装与调试 学生用书

刘振兴 主 编

中国劳动社会保障出版社

简　介

本书为全国高级技工学校电气自动化设备安装与维修专业教材《KNX 智能家居系统安装与调试》的配套用书，供学生课堂学习和课后练习使用。本书按照教材的任务顺序编写，每个任务都包括“学习任务”“资讯学习”“任务准备”“任务实施”“展示与评价”“复习巩固”等环节。本书关注学生的学习过程，强调知识、技能的同步提升，适合技工院校电气自动化设备安装与维修专业教学使用，也可作为工学一体化技能人才培养用书。

本书由刘振兴任主编，王建、朱丽军任副主编，谢明明、王枫清、刘源参加编写。

图书在版编目（CIP）数据

KNX 智能家居系统安装与调试学生用书/刘振兴主编. --北京：中国劳动社会保障出版社，2023

全国高级技工学校电气自动化设备安装与维修专业教材

ISBN 978－7－5167－5987－5

Ⅰ. ①K…　Ⅱ. ①刘…　Ⅲ. ①智能化建筑－自动化系统－安装－技工学校－教材 ②智能化建筑－自动化系统－调试方法－技工学校－教材　Ⅳ. ①TU855

中国国家版本馆 CIP 数据核字（2023）第 173306 号

中国劳动社会保障出版社出版发行

（北京市惠新东街 1 号　邮政编码：100029）

*

北京谊兴印刷有限公司印刷装订　新华书店经销

787 毫米×1092 毫米　16 开本　7.25 印张　162 千字

2023 年 9 月第 1 版　　2023 年 9 月第 1 次印刷

定价：16.00 元

营销中心电话：400－606－6496

出版社网址：http://www.class.com.cn

http://jg.class.com.cn

目　录

课题一 智能窗帘控制系统的安装与调试

任务 1 ETS 软件的使用

学习任务

ETS 软件是 KNX 系统进行工程设计和测试的工具软件，本任务旨在熟悉智能家居的概念和分类，熟悉 KNX 技术的发展、结构和优点，掌握 ETS 软件的安装及基本操作。

资讯学习

1. 在老师的指导下，说一说对智能家居概念的认识。

2. 查阅资料并在老师的指导下，说一说在学习、生活中所学过、听过的现场总线技术有哪些。

3. 在老师的指导下回答：根据布线方式的不同，当前的智能家居系统主要分为哪几种？

4. 在老师的指导下回答：现场总线控制方式的智能家居系统主要由哪几个部分组成？从功能上可分为哪些种类的产品？

5. 在老师的指导下回答：KNX 协会由哪些协会联合成立？

6. 在老师的指导下回答：KNX 协议是由哪些总线协议合并发展而来的？

7. 在老师的指导下回答：KNX 标准的优势有哪些？

8. 在老师的指导下，简述 KNX 系统的结构。

9. 在老师的指导下，简述 KNX 系统的优点。

10. 在老师的指导下回答：在 ETS5 软件中创建新项目时，主干和拓扑可使用的传输介质类型有四种，分别是什么？

任务准备

一、分组和工作计划制订

1. 根据任务要求，小组讨论完成小组成员的任务分工，填入表 1－1－1 中。

表 1－1－1　　小组成员及分工

序号	姓名	任务分工	备注
			组长

2. 根据任务要求，由组长组织讨论、制订工作计划，填入表 1－1－2 中。

表 1－1－2　　工作计划

序号	工作内容	完成时间	责任人

续表

序号	工作内容	完成时间	责任人

二、物料领用

根据任务要求，以小组为单位领取所需器材、资料等，将领到的物料归纳分类并填入表 1-1-3 中，组长组织清点且核对无误后签名确认。

表 1-1-3　　器材、资料清单

姓名			组长签名	
序号	类别	清单		
1	工具			
2	仪表			
3	资料			
4	材料			

续表

序号	类别	清单
5	防护用品	
6	器件	

三、安全文明生产检查

1. 根据任务要求，在老师的指导下，小组讨论并列出安全防护措施。

2. 按照安全管理制度和操作规程要求规范穿戴相关防护用品后，以小组为单位由组长进行检查，将检查结果记录在表 1－1－4 中，并签名确认。

表 1－1－4　安全文明生产检查表

姓名		组长签名	
序号	检查项目		记录
1	检查安全文明生产要求和设备安全操作规程是否已熟读		是□　否□
2	检查工作服是否已穿戴好		是□　否□
3	检查身上饰物是否已摘掉		是□　否□
4	检查鞋子是否绝缘、防滑		是□　否□

任务实施

一、“6S”管理制度认知

“6S”管理是现代工厂行之有效的现场管理理念和方法，其作用是提高效率，保证安全，保证质量，使工作环境整洁有序。

根据表 1－1－5 完成“6S”管理制度的学习，完成相应内容的学习后在对应位置打“√”。

表 1-1-5　　“6S”管理制度的学习

序号	内容	是否完成
1	整理（SEIRI）——要与不要，留弃果断。将工作场所的物品分为有必要和没有必要两类，除了有必要的留下来，其他的都清除掉。整理的目的是腾出空间，活用空间，防止误用，塑造清爽的工作场所	
2	整顿（SEITON）——科学布局，取用快捷。把留下来的必要物品按规定位置摆放整齐并加以标识。整顿的目的是使工作场所一目了然，减少寻找物品的时间，消除过多的积压物品	
3	清扫（SEISO）——清除垃圾，美化环境。将工作场所内看得见和看不见的地方清扫干净，保持工作场所干净。清扫的目的是稳定品质，减少工业伤害	
4	清洁（SEIKETSU）——形成制度，贯彻到底。将整理、整顿、清扫进行到底，并且制度化，保持环境外在清洁美观的状态。清洁的目的是创造明朗现场，维持前述“3S”成果	
5	安全（SECURITY）——安全操作，生命第一。重视成员安全教育，每时每刻都有“安全第一”的观念，防患于未然。安全的目的是建立起安全生产的环境，所有的工作应建立在安全的前提下	
6	素养（SHITSUKE）——养成习惯，以人为本。每个成员养成良好的习惯，并按规则做事，培养积极主动的精神（也称习惯性）。素养的目的是培养有好习惯、遵守规则的员工	

二、ETS 软件安装与调试

1. 在老师的指导下，说一说 ETS 软件的作用。

2. 结合操作实践，在老师的指导下，说一说 ETS5 软件的启动方法。

3. ETS 软件是由 KNX 协会发布的，独立于各设备生产厂家，其软件界面支持多种语言。结合操作实践，在老师的指导下回答：如果 ETS5 软件启动后不是中文显示界面，应如何设置为中文显示界面？

4. KNX 系统作为开放式的现场总线系统，不同生产厂家生产了丰富的采用 KNX 协议的产品（设备），并且提供相应产品的数据库文件，要想对使用的产品进行参数设置，必须先在 ETS 软件中添加该产品的数据库文件。结合操作实践，在老师的指导下，说一说 ETS5 软件中产品数据库的导入方法。

5. 在 ETS5 软件中，创建一个新项目并切换工作区面板，熟悉各工作区面板的界面，在老师的指导下，说一说“建筑”“群组地址”“拓扑”“设备”“项目根”工作区面板的功能。

6. 在 ETS5 软件中，从产品目录中添加老师指定的设备并修改设备的名称和物理地址。在老师的指导下，说一说物理地址的定义规则。

7. KNX 系统的编程和诊断要借助计算机进行，在老师的指导下回答：KNX 系统与计算机通信的方式通常有哪些？

8. 在 ETS5 软件中，利用“下载”选项将老师指定设备的物理地址下载到设备中，在老师的指导下，说一说“下载”选项里各个命令的功能，并填入表 1－1－6 中。

表 1－1－6　下载命令功能

序号	命令名称	功能
1	完整下载	
2	部分下载	
3	下载个人地址	
4	重写物理地址	
5	下载应用	

三、整理与验收

按照“6S”管理制度要求完成实训场所的归置，以小组为单位由组长进行检查，将检查结果记录在表 1－1－7 中，并签名确认。

表 1－1－7　“6S”管理制度要求

姓名		组长签名	
序号	内容		是否完成
1	整理（SEIRI）——要与不要，留弃果断		
2	整顿（SEITON）——科学布局，取用快捷		
3	清扫（SEISO）——清除垃圾，美化环境		
4	清洁（SEIKETSU）——形成制度，贯彻到底		
5	安全（SECURITY）——安全操作，生命第一		
6	素养（SHITSUKE）——养成习惯，以人为本		

展示与评价

一、成果展示

1. 以小组为单位派代表介绍本组的学习成果，听取其他小组对本组学习成果的评价和建议，相互交流经验，并记录在表 1－1－8 中。

表 1－1－8　　成果展示记录

工作经验交流	合理化建议

2. 根据其他小组对本组展示成果的评价意见进行归纳总结，完成表 1－1－9 的填写。

表 1－1－9　　组间评价表

姓名		组长签名	
项目		记录	
本小组的信息检索能力如何？		良好□　一般□　不足□	
本小组介绍成果时，表达是否清晰合理？		清晰□　需要补充□　不清晰□	
本小组成员的团队合作精神如何？		良好□　一般□　不足□	
本小组成员的创新精神如何？		良好□　一般□　不足□	
出现的问题			
解决的方法			
掌握的技能			

二、任务评价

先按表 1－1－10 所列项目进行自评，再由组长对组员进行评价，将结果填入表中。

表 1－1－10　　任务评价表

姓名		组长签名		
项目	评价标准	配分	自评	组长评
软件安装	能从安全可靠的网站下载 ETS 软件	10		
	能正确安装 ETS 软件并解决安装过程中的问题	10		

续表

项目	评价标准	配分	自评	组长评
软件调试	能正确启动 ETS 软件	10		
	能正确设置 ETS 软件语言	10		
	能正确创建新项目	10		
	能正确导入产品数据库	10		
	能正确添加设备	10		
	能正确修改设备名称和物理地址	10		
	能正确下载物理地址	10		
安全文明生产	实施过程中无违规操作	5		
	实施过程中始终保持场地整洁，实施结束后将场地整理干净，符合“6S”管理制度要求	5		
合计		100		

复习巩固

一、填空题

1. 当前的智能家居系统，根据布线方式的不同，主要分为________、________、________三种方式。

2. 集中控制方式的智能家居系统主要通过一个以________为核心的系统主机来构建，________负责系统的信号处理，系统主板上集成一些外围接口单元，包括________、________、________等电路。

3. 现场总线控制方式的智能家居系统主要由________、________和________三个基本部分组成。

4. 现场总线控制方式的智能家居系统从功能上可分为很多种类，常用的包括________、________、________、________和________等。

5. 无线控制方式的智能家居系统主要包括________、________两类。

6. 遥控开关可分为________、________两类。

7. KNX 系统的优点是：________、________、________、________、________、________。

8. ETS5 软件的项目设计界面默认为“________”工作区面板，可以在“________”菜单、主工具栏“________”按钮和工作区窗口左上角“________”右侧下三角的下拉菜单中切换工作区面板。

9. 在 ETS5 软件的“________”对话框中，可以根据实际情况输入项目名称，并选择主干和拓扑所使用的传输介质类型，其中，TP 表示________，IP 表示________，PL 表示________，RF 表示________。

10. 在 ETS5 软件中构建建筑时，可以使用以下元素：__________、__________、__________、__________、__________等。

11. 在 ETS5 软件中，“________”工作区面板用于定义实际的总线结构，并为设备分配物理地址。

12. 在 ETS5 软件中，项目的全部设备（含尚未分配给房间、功能或者线路的设备）都显示在“________”工作区面板，通过该工作区面板可以更加方便地全面掌握________信息和________信息。

13. 在 ETS5 软件中，“________”工作区面板就是把正在编辑项目的“________”“________”“____________”“________”面板中左侧列的内容罗列在其左侧列中。

14. 在 ETS5 软件的“拓扑”工作区面板，设备添加之后会按照所在位置自动分配一个物理地址，该物理地址一般为______级。

二、判断题

1. 智能家居是以住宅为平台，利用先进技术，将与家居生活有关的各个子系统有机地结合在一起的。（　　）

2. 智能家居的核心是系统的集成能力。（　　）

3. 在 ETS5 软件中分配好物理地址后，可以先将各个设备的物理地址写进设备。（　　）

4. 现场总线控制是一种全分布式智能控制网络技术。（　　）

5. 使用高频电力载波类智能家居系统需要额外布线。（　　）

6. KNX 是一个国际标准，是一种现场总线控制系统。（　　）

7. 在 ETS5 软件中，在线导入的是产品目录和产品数据库。（　　）

8. 在 ETS5 软件的“选择产品语言”对话框中，可以选择一种语言后单击“导入选择的语言”按钮导入相应的语言，也可以单击“导入所有语言”按钮导入全部语言。（　　）

9. ETS 软件是 KNX 系统安装与调试的重要部分，总线上各个设备的参数设置和应用程序下载都要使用此软件。（　　）

10. 在 ETS5 软件的“群组地址”工作区面板中，群组地址只可以使用二级结构表示。（　　）

11. 在 ETS5 软件中导入了生产厂家的产品数据库后，还要在创建的项目中添加设备。（　　）

12. 在 ETS5 软件中下载设备物理地址时，需要按下相应设备上的编程按钮，并且每次写入不能超过两个设备。（　　）

三、选择题

1. 高频电力载波技术是利用 220 V 电力线将发射设备发出的高频信号传送给接收设备从而实现智能化的控制。高频信号传送技术将（　　）kHz 的编码信号加载到 50 Hz 的电力线上。

A. 20　　B. 50　　C. 100　　D. 120

2. 在 ETS5 软件的“创建新项目”对话框中，可以根据实际情况输入项目名称，并选择主干和拓扑所使用的传输介质类型，其中，TP 表示（　　）。

A. 双绞线　　B. 以太网　　C. 电力线　　D. 射频无线电

3. KNX 系统内设备组对象之间的通信通过组地址实现，组地址分为（　　）级。

A. 二　　B. 三　　C. 四　　D. 五

4. 在 ETS5 软件中，项目的全部设备（含尚未分配给房间、功能或者线路的设备）都显示在（　　）工作区面板。

A. “设备”　　B. “建筑”　　C. “拓扑”　　D. “群组地址”

5. 在 ETS5 软件中，“项目根”工作区面板就是把正在编辑项目的（　　）工作区面板中左侧列的内容罗列在其左侧列中。

A. “建筑”和“拓扑”

B. “拓扑”和“群组地址”

C. “群组地址”和“设备”

D. “建筑”“拓扑”“群组地址”和“设备”

6. 在 ETS5 软件的“拓扑”工作区面板修改物理地址时，设备添加之后会按照所在位置自动分配一个物理地址，该物理地址一般为（　　）级。

A. 一　　B. 二　　C. 三　　D. 四

7. 在 ETS5 软件的“拓扑”工作区面板的物理地址上，表示设备编号的是第（　　）位数字。

A. 1　　B. 2　　C. 3　　D. 4

8. 在 ETS5 软件的“拓扑”工作区面板的物理地址上，表示支线的设定范围为（　　）。

A. 0 ~ 10　　B. 1 ~ 10　　C. 1 ~ 12　　D. 1 ~ 15

9. KNX 系统的编程和诊断要借助计算机进行，与计算机通信常用的方式包括网线连接和（　　）。

A. 局域网　　B. USB 接口连接

C. 无线网　　D. 专用通信光缆

10. 在 ETS5 软件中下载设备物理地址时，需要按下相应设备上的编程按钮，并且每次只能按下（　　）个设备的编程按钮。

A. 1　　B. 2　　C. 3　　D. 4

11. 在 ETS5 软件中采用“下载”选项时，下载物理地址和应用程序（需要按下设备上的编程按钮）是（　　）命令的功能。

A. “完整下载”　　B. “部分下载”

C. “下载物理地址”　　D. “重写物理地址”

12. 在 ETS5 软件中采用“下载”选项时，下载改变的应用程序（不需要按下设备上的编程按钮）是（　　）命令的功能。

A. “完整下载”　　B. “部分下载”

C. “下载物理地址”　　D. “重写物理地址”

四、简答题

1. 简述 KNX 标准的优势。

2. 简述 KNX 系统的优点。

3. KNX 系统与计算机通信常用的方式有哪些?

4. 简述 ETS5 软件中“下载”选项中的命令及其功能。

任务 2　电动卷帘控制系统的安装与调试

学习任务

学院智能照明实习教室需要安装一套 KNX 智能窗帘控制系统，能根据用户的要求使用智能面板控制电动卷帘，控制要求如下：使用一个智能面板的 4 个按键控制电动卷帘，按键 1 控制卷帘开，按键 2 控制卷帘合，按键 3 既能控制开又能控制合，按键 4 控制卷帘开一半。本任务旨在掌握 KNX 系统的网络结构和 KNX 总线的连接与敷设工艺，按照控制要求完成电动卷帘控制系统的安装与调试。

资讯学习

1. 在老师的指导下回答：KNX 系统可用的网络结构包括哪几种？哪种网络结构不能用？

2. 在老师的指导下回答：KNX 系统的总线设备分为哪几类？分别有什么作用？

3. 在老师的指导下回答：KNX 多网络结构的组网方式包括哪几种？分别有什么特点？

4. 观察使用的 KNX 总线，在老师的指导下，将其型号、内部结构和敷设方式填入表 1－2－1 中。

表 1－2－1　　KNX 总线型号

型号	内部结构	敷设方式

5. 观察使用的 KNX 总线连接端子的结构，在老师的指导下，说一说 KNX 总线连接端子的作用。

6. 在老师的指导下，说一说 KNX 总线敷设的注意事项。

7. 在老师的指导下回答：电动卷帘控制系统需要用到哪些总线设备？

8. 观察型号为 MTN684064 的 640 mA 电源供应器，在老师的指导下，说一说其功能、参数和安装方式。

9. 观察型号为 MTN681829 的 USB 接口，在老师的指导下，说一说其功能、参数和安装方式。

10. 观察型号为 MTN628419 的 8 键智能面板，在老师的指导下，说一说其功能、参数和安装方式。

11. 观察型号为 MTN649704 的 4 路 230 V 卷帘控制模块，在老师的指导下，说一说其功能、参数和安装方式。

任务准备

一、分组和工作计划制订

1. 根据任务要求，小组讨论完成小组成员的任务分工，填入表 1 –2 –2 中。

表 1 –2 –2 小组成员及分工

序号	姓名	任务分工	备注
			组长

2. 根据任务要求，由组长组织讨论、制订工作计划，填入表 1－2－3 中。

表 1－2－3　　**工作计划**

序号	工作内容	完成时间	责任人

二、物料领用

根据任务要求，以小组为单位领取所需器材、资料等，将领到的物料归纳分类并填入表 1－2－4 中，组长组织清点且核对无误后签名确认。

表 1－2－4　　**器材、资料清单**

姓名			组长签名	
序号	类别	清单		
1	工具			
2	仪表			
3	资料			

续表

序号	类别	清单
4	材料	
5	防护用品	
6	器件	

三、安全文明生产检查

1. 根据任务要求，在老师的指导下，小组讨论并列出安全防护措施。

2. 按照安全管理制度和操作规程要求规范穿戴相关防护用品后，以小组为单位由组长进行检查，将检查结果记录在表 1-2-5 中，并签名确认。

表 1-2-5　安全文明生产检查表

姓名		组长签名	
序号	检查项目		记录
1	检查安全文明生产要求和设备安全操作规程是否已熟读		是□　否□
2	检查工作服是否已穿戴好		是□　否□
3	检查身上饰物是否已摘掉		是□　否□
4	检查鞋子是否绝缘、防滑		是□　否□

任务实施

一、设备安装与线路连接

1. 结合操作实践，在老师的指导下，说一说配电箱内 KNX 系统总线设备安装和接线工艺要求。

2. 结合操作实践，在老师的指导下，说一说智能面板安装的注意事项。

3. 根据教材中的设备安装与接线示意图，在老师的指导下，完成所有设备的安装与线路连接，并进行检查，将检查结果填入表 1－2－6 中。

表 1－2－6　　设备安装与线路连接检查表

自检人签名		互检人签名	
序号	检查项目	检查结果	
		自检	互检

二、参数设置与编程

1. 回顾之前所学内容，结合操作实践，在老师的指导下，说一说启动 ETS5 软件后，在参数设置与编程之前，应进行哪些操作。

2. 根据控制要求，结合操作实践，在老师的指导下，说一说窗帘控制模块参数设置中相关参数的含义，并填入表 1 -2 -7 中。

表 1 -2 -7　窗帘控制模块参数设置相关参数的含义

序号	参数	含义
1	Channel config.	
2	Channel 1 operation mode	
3	Roller shutter	
4	Time base for running time of height adjustment	
5	Factor for running time of height adjustment(10-64000), 1second = 1000 ms	

3. 根据控制要求，结合操作实践，在老师的指导下，说一说智能面板参数设置中相关参数的含义，并填入表 1 -2 -8 中。

表 1 -2 -8　智能面板参数设置相关参数的含义

序号	参数	含义
1	General	
2	Push-button module	
3	Operational LED	
4	Selection of function	
5	Switch	

续表

序号	参数	含义
6	Value	
7	OFF telegram	

4. 根据控制要求，结合操作实践，在老师的指导下，说一说如何分配群组地址。

三、运行调试

1. 将物理地址和应用程序下载到各个设备之后，要对整个系统进行调试，按照控制要求，逐项运行验证功能能否正常实现，并将调试结果填入表1－2－9中。

表1－2－9　　调试结果记录

序号	调试内容	调试结果

2. 如果功能未正常实现，则需要排查故障，可以借助 ETS 软件的诊断功能查找故障原因。

（1）在老师的指导下，说一说 ETS5 软件中的诊断工具“群组监视器”的功能。

（2）结合操作实践，在老师的指导下，归纳使用“群组监视器”功能的操作步骤。

（3）在老师的指导下，说一说 ETS5 软件中的诊断工具“总线监视器”的功能。

（4）结合操作实践，在老师的指导下，归纳使用“总线监视器”功能的操作步骤。

（5）借助 ETS5 软件的诊断功能查找故障原因，小组讨论解决方法，并填入表 1－2－10 中。

表 1－2－10　　故障排查表

序号	故障现象	故障原因	解决方法

四、整理与验收

运行调试结束后，小组成员分工打扫卫生，整理工位，交付验收。按照“6S”管理制度要求完成实训场所的归置，以小组为单位由组长进行检查，将检查结果记录在表 1－2－11 中，并签名确认。

表 1－2－11　　“6S”管理制度要求

姓名		组长签名	
序号	内容		是否完成
1	整理（SEIRI）——要与不要，留弃果断		
2	整顿（SEITON）——科学布局，取用快捷		
3	清扫（SEISO）——清除垃圾，美化环境		
4	清洁（SEIKETSU）——形成制度，贯彻到底		
5	安全（SECURITY）——安全操作，生命第一		
6	素养（SHITSUKE）——养成习惯，以人为本		

展示与评价

一、成果展示

1. 以小组为单位派代表介绍本组的学习成果，听取其他小组对本组学习成果的评价和建议，相互交流经验，并记录在表 1－2－12 中。

表 1－2－12　成果展示记录

工作经验交流	合理化建议

2. 根据其他小组对本组展示成果的评价意见进行归纳总结，完成表 1－2－13 的填写。

表 1－2－13　组间评价表

姓名		组长签名	
项目		记录	
本小组的信息检索能力如何？		良好□　一般□　不足□	
本小组介绍成果时，表达是否清晰合理？		清晰□　需要补充□　不清晰□	
本小组成员的团队合作精神如何？		良好□　一般□　不足□	
本小组成员的创新精神如何？		良好□　一般□　不足□	
出现的问题			
解决的方法			
掌握的技能			

二、任务评价

先按表 1－2－14 所列项目进行自评，再由组长对组员进行评价，将结果填入表中。

表 1-2-14　　任务评价表

姓名		组长签名			
项目	评价标准	配分	自评	组长评	
设备安装	按图实施，完成所有设备的安装与线路连接	5			
	安装方法、步骤正确，布线横平竖直、整洁有序	5			
	所有设备固定安全、牢固、无晃动	5			
	实施过程中导线绝缘层或线芯无损伤	5			
	接线紧固、美观，接点牢固，接头漏铜长度适中，无反圈、压绝缘层问题	5			
	线号标记清楚，无遗漏或误标问题	5			
	中性线和地线颜色选用正确	3			
功能调试	无短路或接地错误	10			
	通电调试时遵守安全操作规程	10			
	按键 1 功能运行正确	10			
	按键 2 功能运行正确	10			
	按键 3 功能运行正确	10			
	按键 4 功能运行正确	10			
安全文明生产	实施过程中无违规操作	4			
	实施过程中始终保持场地整洁，实施结束后将场地整理干净，符合“6S”管理制度要求	3			
合计		100			

复习巩固

一、填空题

1. KNX 系统的网络结构相对自由，常用的包括______、______和______三种类型。

2. KNX 系统最小的网络结构称为______。

3. KNX 系统的总线设备分为______、______和______三类。

4. 当一条支线连接的总线设备超过______个或根据实际需要使用不同支线时，可以将多条支线通过线路耦合器组合连接在一条主线上构成一个______。

5. 区域可以按______的方式进行扩展，______将区域连接到主线上。

6. 以太网组网的 KNX 多网络结构中，每条支线上的总线设备都是通过______连接起来的，每条支线最多可以连接______个总线设备。

7. KNX 系统一条支线最多可以连接______个总线设备，一条支线（包含所有分支）的线路长度总和不超过______m，KNX 电源模块到总线设备的最大距离为______m，两个总线设备之间的最大通信距离为______m，在一条支线内允许连接最多两个电源模块，两个 KNX 电源模块之间的最小距离为______m。

8. KNX 总线连接端子包括________端子和________端子。

9. 如果可以保证 KNX 总线与强电线路的间距不小于______ mm 的安全距离，KNX 总线与强电线路可以安装在同一个底盒里。

10. 电动卷帘控制系统需要用到的总线设备包括______________、________________、________________和________________。

11. 8 键智能面板 MTN628419 的功能主要包括____________功能，____________功能，____________功能（单键/双键），____________功能（单键/双键），________________功能，____________功能，____________功能，____________等。

12. 4 路 230 V 卷帘控制模块 MTN649704 具有____________控制功能、____________控制功能、____________功能、____________功能、____________功能、____________功能、____________________________功能。

13. 如果 KNX 系统总线设备与低压电器安装在一个配电箱内，则必须保证非特低压电源（SELV 或 PELV）供电的设备与 KNX 系统__________，必要时应安装__________或__________。

14. 根据 DIN 18015 系列标准规定，KNX 总线与负载电源线类似，依照________结构、________结构或________结构敷设在指定区域。

15. 所有由 KNX 系统控制的灯光、窗帘、风机盘管等负载的线路，都必须通过________或________，接到指定的 KNX 系统________。

16. KNX 系统智能面板一般都使用____________底盒安装，也可使用____________底盒安装。

17. 使用 ETS5 软件中的“______________”和“______________”两个功能可以帮助调试 KNX 系统。

二、判断题

1. KNX 系统中链型结构、星型结构、树型结构可以混合使用，但是禁用环型结构。（ ）

2. KNX 系统的系统设备负责整个系统的运行。（ ）

3. KNX 系统的输出设备负责探测开关的操作或光线、温度、湿度等信号的变化，如智能面板、感应器等。（ ）

4. KNX 多网络结构的主线上最多可以连接 16 个区域。（ ）

5. 双绞线和以太网混合组网的 KNX 多网络结构中，一个区域的支线与支线之间通过支线耦合器连接，区域与区域之间通过 IP 网关模块连接到交换机/路由器上。（ ）

6. 红黑端子用于将总线设备连接到 KNX 总线上，可以在不切断 KNX 总线的情况下断开总线设备的 KNX 系统连接。（ ）

7. KNX 总线的线芯均为双股硬线芯。（ ）

8. KNX 系统是弱电系统，不允许靠近 220 V/380 V 强电线路并行敷设。（ ）

9. USB 接口 MTN681829 内置总线耦合器，用于将编程设备或诊断设备通过 USB 1.1 或 USB 2.0 接口连接到 KNX 总线上。（ ）

10. KNX 系统配电箱可与强电系统配电箱混合使用，也可以单独配置一个 KNX 系统专用配电箱。（　　）

11. 由于 KNX 系统总线设备输出端需连接大量外部负载电源线，因此，各 DIN 导轨之间的距离应不小于 60 mm。（　　）

12. KNX 系统总线设备与低压电器最好集中安装，布局清晰，便于维修。（　　）

13. KNX 系统配电箱中，KNX 总线进线孔应与负载电源线进线孔分开。（　　）

14. KNX 总线不可以和其他线路敷设在同一个线管或线槽中。（　　）

15. 在多条线路组成的 KNX 系统中，必须保证各线路不形成环路，即各线路之间不得直接连接。（　　）

16. 电气安装中的负载电源线可以用作 KNX 总线。（　　）

17. 电动卷帘控制系统设备安装与线路连接及检查完成后，要使用 ETS 软件进行总线设备参数设置与编程。（　　）

18. ETS5 软件中的“群组监视器”和“总线监视器”功能可以同时开启。（　　）

三、选择题

1. KNX 系统中，理论上最多可以安装（　　）个总线设备在同一支线上运行。

A. 16　　B. 24　　C. 48　　D. 64

2. 支线耦合器组网的 KNX 多网络结构中，一个区域最多可以包含（　　）条支线。

A. 4　　B. 8　　C. 15　　D. 16

3. 支线耦合器组网的 KNX 多网络结构中，一个区域最多可以连接（　　）个设备。

A. 120　　B. 480　　C. 640　　D. 960

4. 以太网组网的 KNX 多网络结构中，每条支线通过以太网 IP 网关模块连接到交换机/路由器上，最多可以有（　　）条支线通过交换机/路由器组网。

A. 100　　B. 225　　C. 250　　D. 300

5. 根据 KNX 总线型号，电源和数据传输通过其中的（　　）色 2 根芯线。

A. 红、黑　　B. 红、黄　　C. 白、黑　　D. 黄、白

6. 红黑端子具有（　　）对连接孔，颜色相同的连接孔内部短接，可以用在过路盒中起分线作用。

A. 2　　B. 4　　C. 8　　D. 16

7. 如果可以保证 KNX 总线与强电线路的间距不小于安全距离（　　）mm，KNX 总线与强电线路可以安装在同一个底盒里。

A. 2　　B. 4　　C. 8　　D. 16

8. 640 mA 电源供应器 MTN684064 最多可以为一条连接（　　）个总线设备的线路提供总线电压。

A. 16　　B. 24　　C. 48　　D. 64

9. 4 路 230 V 卷帘控制模块 MTN649704 所带电动机负载的最大功率为（　　）kW。

A. 0.2　　B. 0.5　　C. 0.8　　D. 1

10. 根据 EN 50022 标准规定，KNX 系统总线设备大多可以安装在配电箱内的（　　）mm DIN 导轨上，其高度、厚度均与普通断路器尺寸相近。

A. 20　　B. 25　　C. 35　　D. 40

11. 调光控制模块等需要散热的设备应安装在配电箱的（　　）边位置。

A. 上　　B. 下　　C. 左　　D. 右

12. KNX 系统配电箱中，最理想的情况是 KNX 总线与负载电源线分别（　　）进线。

A. 从左、从右　　B. 从上、从下

C. 从左、从上　　D. 从左、从右或从上、从下

13. 吸顶式安装的移动感应器和光高度传感器，应避免安装在灯光（　　），以防止夜间因灯光直接照射而引起感应器误动作。

A. 左、右　　B. 正下方

C. 斜下方　　D. 正下方或斜下方

四、简答题

1. KNX 系统总线设备与 KNX 总线之间可以采用哪两种连接方式？

2. 简述 KNX 系统的外部负载安装和接线时的标注要求。

3. 简述智能面板的安装要求。

4. 简述电动卷帘控制系统运行调试的步骤。

5. 简述 ETS5 软件中“群组监视器”的功能和操作步骤。

6. 简述 ETS5 软件中“总线监视器”的功能和操作步骤。

任务 3　电动百叶窗帘控制系统的安装与调试

学习任务

学院智能照明实习教室需要安装一套 KNX 智能窗帘控制系统，能根据用户的要求使用智能面板控制电动百叶窗帘，控制要求如下：使用一个智能面板的 3 个按键控制电动百叶窗帘，按键 1 控制百叶窗帘开，按键 2 控制百叶窗帘合，按键 3 控制百叶窗帘开一半且叶片角度转到一半位置。本任务旨在按照控制要求完成电动百叶窗帘控制系统的安装与调试。

资讯学习

1. 在老师的指导下，说一说百叶窗帘与卷帘的控制区别。

2. 在老师的指导下回答：电动百叶窗帘控制系统需要用到哪些总线设备？

3. 观察型号为 MTN649802 的 2 路 230 V 百叶窗帘控制模块，在老师的指导下，说一说其功能、参数和安装方式。

4. 观察型号为 MTN649802 的 2 路 230 V 百叶窗帘控制模块的操作面板（见图 1－3－1），在老师的指导下，说一说各指示灯和按键的功能。

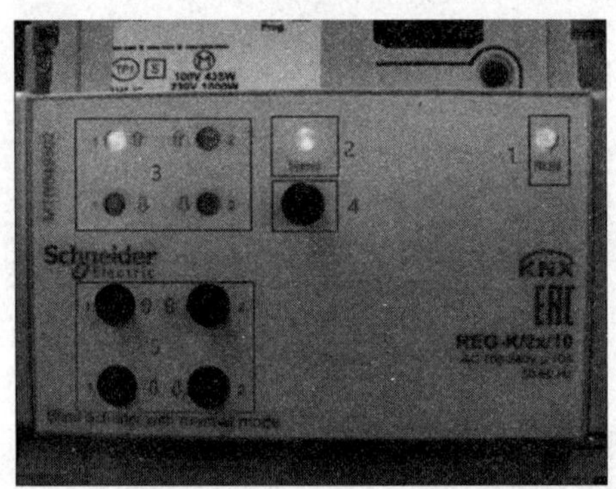

图 1－3－1　2 路 230 V 百叶窗帘控制模块的操作面板

任务准备

一、分组和工作计划制订

1. 根据任务要求，小组讨论完成小组成员的任务分工，填入表 1－3－1 中。

表 1－3－1　小组成员及分工

序号	姓名	任务分工	备注
			组长

2. 根据任务要求，由组长组织讨论、制订工作计划，填入表 1－3－2 中。

表 1－3－2　　工作计划

序号	工作内容	完成时间	责任人

二、物料领用

根据任务要求，以小组为单位领取所需器材、资料等，将领到的物料归纳分类并填入表 1－3－3 中，组长组织清点且核对无误后签名确认。

表 1－3－3　　器材、资料清单

姓名			组长签名	
序号	类别	清单		
1	工具			
2	仪表			
3	资料			

续表

序号	类别	清单
4	材料	
5	防护用品	
6	器件	

三、安全文明生产检查

1. 根据任务要求，在老师的指导下，小组讨论并列出安全防护措施。

2. 按照安全管理制度和操作规程要求规范穿戴相关防护用品后，以小组为单位由组长进行检查，将检查结果记录在表 1 –3 –4 中，并签名确认。

表 1 –3 –4　安全文明生产检查表

姓名		组长签名	
序号	检查项目		记录
1	检查安全文明生产要求和设备安全操作规程是否已熟读		是□　否□
2	检查工作服是否已穿戴好		是□　否□
3	检查身上饰物是否已摘掉		是□　否□
4	检查鞋子是否绝缘、防滑		是□　否□

任务实施

一、设备安装与线路连接

根据教材中的设备安装与接线示意图，在老师的指导下，完成所有设备的安装与线路连接，并进行检查，将检查结果填入表 1－3－5 中。

表 1－3－5　　设备安装与线路连接检查表

<table>
<tr><td>自检人签名</td><td></td><td>互检人签名</td><td></td></tr>
<tr><td rowspan="2">序号</td><td rowspan="2">检查项目</td><td colspan="2">检查结果</td></tr>
<tr><td>自检</td><td>互检</td></tr>
<tr><td></td><td></td><td></td><td></td></tr>
<tr><td></td><td></td><td></td><td></td></tr>
<tr><td></td><td></td><td></td><td></td></tr>
<tr><td></td><td></td><td></td><td></td></tr>
<tr><td></td><td></td><td></td><td></td></tr>
<tr><td></td><td></td><td></td><td></td></tr>
</table>

二、参数设置与编程

1. 回顾之前所学内容，结合操作实践，在老师的指导下，说一说启动 ETS5 软件后，在参数设置与编程之前，应进行哪些操作。

2. 根据控制要求，结合操作实践，在老师的指导下，说一说窗帘控制模块参数设置中相关参数的含义，并填入表 1－3－6 中。

表 1－3－6 窗帘控制模块参数设置相关参数的含义

序号	参数	含义
1	Channel config.	
2	Channel 1 operation mode	
3	Blind、Roller shutter	
4	How does the existing blind move?	
5	Slat position after movement	
6	Time base for running time of height adjustment	
7	Time base for running time of slat	
8	Factor for running time of slat	

3. 根据控制要求，结合操作实践，在老师的指导下，说一说智能面板参数设置中相关参数的含义，并填入表 1－3－7 中。

表 1－3－7 智能面板参数设置相关参数的含义

序号	参数	含义
1	Push-button module	
2	Operational LED	

续表

序号	参数	含义
3	Detection of long operating time 100ms * factor(4-250)	
4	Direction of movement	
5	Triggering of status LED	
6	UP、DOWN	
7	with positional values	
8	Value for slat position	
9	Value for blind position	

4. 根据控制要求，结合操作实践，在老师的指导下，说一说如何分配群组地址。

三、运行调试

1. 将物理地址和应用程序下载到各个设备之后，要对整个系统进行调试，按照控制要求，逐项运行验证功能能否正常实现，并将调试结果填入表 1－3－8 中。

表 1－3－8　　**调试结果记录**

序号	调试内容	调试结果

续表

序号	调试内容	调试结果

2. 如果功能未正常实现，则需要排查故障，借助 ETS5 软件的诊断功能查找故障原因，小组讨论解决方法，并填入表 1－3－9 中。

表 1－3－9　　故障排查表

序号	故障现象	故障原因	解决方法

四、整理与验收

运行调试结束后，小组成员分工打扫卫生，整理工位，交付验收。按照“6S”管理制度要求完成实训场所的归置，以小组为单位由组长进行检查，将检查结果记录在表1－3－10中，并签名确认。

表1－3－10　“6S”管理制度要求

姓名		组长签名	
序号	内容		是否完成
1	整理（SEIRI）——要与不要，留弃果断		
2	整顿（SEITON）——科学布局，取用快捷		
3	清扫（SEISO）——清除垃圾，美化环境		
4	清洁（SEIKETSU）——形成制度，贯彻到底		
5	安全（SECURITY）——安全操作，生命第一		
6	素养（SHITSUKE）——养成习惯，以人为本		

展示与评价

一、成果展示

1. 以小组为单位派代表介绍本组的学习成果，听取其他小组对本组学习成果的评价和建议，相互交流经验，并记录在表1－3－11中。

表1－3－11　成果展示记录

工作经验交流	合理化建议

2. 根据其他小组对本组展示成果的评价意见进行归纳总结，完成表1－3－12的填写。

表1－3－12　组间评价表

姓名		组长签名	
项目		记录	
本小组的信息检索能力如何？		良好□　一般□　不足□	
本小组介绍成果时，表达是否清晰合理？		清晰□　需要补充□　不清晰□	
本小组成员的团队合作精神如何？		良好□　一般□　不足□	
本小组成员的创新精神如何？		良好□　一般□　不足□	

续表

出现的问题	
解决的方法	
掌握的技能	

二、任务评价

先按表 1－3－13 所列项目进行自评，再由组长对组员进行评价，将结果填入表中。

表 1－3－13　　任务评价表

姓名		组长签名			
项目	评价标准	配分	自评	组长评	
设备安装	按图实施，完成所有设备的安装与线路连接	5			
	安装方法、步骤正确，布线横平竖直、整洁有序	5			
	所有设备固定安全、牢固、无晃动	5			
	实施过程中导线绝缘层或线芯无损伤	5			
	接线紧固、美观，接点牢固，接头漏铜长度适中，无反圈、压绝缘层问题	5			
	线号标记清楚，无遗漏或误标问题	5			
	中性线和地线颜色选用正确	3			
功能调试	无短路或接地错误	10			
	通电调试时遵守安全操作规程	10			
	按键 1 功能运行正确	10			
	按键 2 功能运行正确	10			
	按键 3 功能运行正确	20			
安全文明生产	实施过程中无违规操作	4			
	实施过程中始终保持场地整洁，实施结束后将场地整理干净，符合“6S”管理制度要求	3			
合计		100			

复习巩固

一、填空题

1. 电动百叶窗帘采用交流管状电动机，电动机噪声小，旋钮式行程调试，行程控制精确、可靠，能用一台电动机完成百叶窗帘的____________和叶片的____________动作。

2. 电动百叶窗帘控制系统需要用到的总线设备包括____________、____________、____________、____________。

3. 百叶窗帘控制模块带有手动控制按键，__________负载能力，__________功能，______________功能，可以通过______________模块进行高级控制，可以调节模块回路的________________。

4. 2 路 230 V 百叶窗帘控制模块 MTN649802 的功能主要包括__________、__________、______________控制功能，____________功能，____________功能，____________和____________功能，____________功能，____________功能，__________________功能等。

5. 2 路 230 V 百叶窗帘控制模块 MTN649802 操作面板的手动控制按键，可以________或者________手动控制功能（也可以通过软件设置）。

6. 2 路 230 V 百叶窗帘控制模块 MTN649802 操作面板的通道控制按键，其每个通道连接的窗帘可以通过手动控制按键实现________、________、________功能。

7. 电动百叶窗帘控制系统的配电箱内，KNX 总线的单股硬线芯直接插接在________端子上即可。

8. 在 ETS5 软件的窗帘控制模块的参数设置界面，“Channel 1 operation mode”（通道 1 操作模式）参数有三个选项，分别为“disabled”“Blind”“Roller shutter”，分别表示________________、________________、________________。

二、判断题

1. 百叶窗帘与卷帘的控制区别在于：卷帘只需要控制开合，而百叶窗帘除了要控制开合放之外，还要控制叶片转动的角度。（　　）

2. 百叶窗帘控制模块的多功能模块可以达到 16 路。（　　）

3. 2 路 230 V 百叶窗帘控制模块 MTN649802 内置总线耦合器，可用于对 1 台百叶窗帘和 1 台卷帘驱动装置进行独立控制。（　　）

4. 2 路 230 V 百叶窗帘控制模块 MTN649802 操作面板的手动运行指示灯“Hand”（红色）点亮，表示手动操作模式开启。（　　）

5. 2 路 230 V 百叶窗帘控制模块 MTN649802 操作面板的通道控制按键用于手动控制各通道连接的窗帘动作。（　　）

6. 电动百叶窗帘控制系统的配电箱内，KNX 总线的单股硬线芯直接插接在红黑端子上即可。（　　）

三、选择题

1. 2 路 230 V 百叶窗帘控制模块 MTN649802 所带电动机负载的最大功率为（　　）kW。

A. 1　　B. 1.5　　C. 2　　D. 2.5

2. 2 路 230 V 百叶窗帘控制模块 MTN649802 内置总线耦合器，可用于对（　　）台百叶窗帘或（　　）台卷帘驱动装置进行独立控制。

A. 1　　B. 2　　C. 3　　D. 4

3. 2 路 230 V 百叶窗帘控制模块 MTN649802 操作面板的通道控制按键，其每个通道连接的窗帘不可以通过手动控制按键实现（　　）功能。

A. 上升　　B. 下降　　C. 停止　　D. 左右移动

4. 2 路 230 V 百叶窗帘控制模块 MTN649802 操作面板的手动运行指示灯为（　　）色。

A. 绿　　B. 红　　C. 黄　　D. 蓝

5. 2 路 230 V 百叶窗帘控制模块 MTN649802 操作面板的通道状态指示灯为（　　）色。

A. 绿　　B. 红　　C. 黄　　D. 蓝

6. 在 ETS5 软件中，对设备进行参数设置时，在“拓扑”工作区面板，单击选择相应设备，在工作区面板下部单击（　　）标签，即可进入“General”（通用）标签界面。

A. “参数”　　B. “通用”　　C. “组对象”　　D. “群对象”

7. 在 ETS5 软件中的窗帘控制模块 MTN649802 的参数设置界面，单击切换到“Channel config.”（通道配置）标签界面，其下有（　　）个通道。

A. 2　　B. 4　　C. 8　　D. 12

四、简答题

1. 简述电动百叶窗帘控制系统使用 ETS5 软件进行设备参数设置和编程的操作步骤。

2. 简述电动百叶窗帘控制系统设备运行调试的步骤。

课题二 智能照明控制系统的安装与调试

任务1 走廊自动灯光控制系统的安装与调试

学习任务

学院智能照明实习教室外走廊需要安装一套 KNX 智能照明控制系统，能根据用户要求使用移动感应器自动控制灯光的开、关，控制要求如下：使用移动感应器控制一盏灯，有人经过时，灯光自动点亮，15 s 后灯光自动熄灭。本任务旨在熟悉照明和光源的相关知识，按照控制要求完成走廊自动灯光控制系统的安装与调试。

资讯学习

1. 在老师的指导下，说一说色温的概念。

2. 在老师的指导下，说一说不同色温的光源的特点，填入表 2－1－1 中。

表 2－1－1　　不同色温的光源的特点

色温	光色	气氛	效果	光源举例
小于 3 300 K				
3 300 ~ 5 300 K				
大于 5 300 K				

3. 在老师的指导下，说一说显色指数的等级与适用范围，填入表2－1－2中。

表2－1－2　　　　显色指数的等级与适用范围

等级	显色指数 Ra	适用范围
1A		
1B		
2		
3		
4		

4. 在老师的指导下，说一说光通量、发光强度、照度、亮度、光效等照明相关术语的概念和单位，填入表2－1－3中。

表2－1－3　　　　照明相关术语的概念和单位

术语	概念	单位
光通量		
发光强度		
照度		
亮度		
光效		

5. 在老师的指导下，说一说照明方式的分类与适用场所。

6. 在老师的指导下回答：常用的人造电光源按照发光机理分为哪些种类？

7. 在老师的指导下，说一说常见的人造电光源的种类和特点，填入表 2－1－4 中。

表 2－1－4　常见的人造电光源的种类和特点

光源	种类	特点
白炽灯		
卤钨灯		
传统型荧光灯		
节能灯		
金属卤化物灯		
发光二极管（LED）灯		

8. 在老师的指导下回答：走廊自动灯光控制系统需要用到哪些总线设备？

9. 观察型号为 MTN632619 的 180°移动感应器，在老师的指导下，说一说其功能和参数。

10. 观察型号为 MTN649202 的 2 路 10 A 开关控制模块，在老师的指导下，说一说其功能、参数和安装方式。

任务准备

一、分组和工作计划制订

1. 根据任务要求，小组讨论完成小组成员的任务分工，填入表 2－1－5 中。

表 2－1－5　小组成员及分工

序号	姓名	任务分工	备注
			组长

2. 根据任务要求，由组长组织讨论、制订工作计划，填入表 2－1－6 中。

表 2－1－6　工作计划

序号	工作内容	完成时间	责任人

续表

序号	工作内容	完成时间	责任人

二、物料领用

根据任务要求，以小组为单位领取所需器材、资料等，将领到的物料归纳分类并填入表2-1-7中，组长组织清点且核对无误后签名确认。

表2-1-7 器材、资料清单

姓名			组长签名	
序号	类别	清单		
1	工具			
2	仪表			
3	资料			
4	材料			

续表

序号	类别	清单
5	防护用品	
6	器件	

三、安全文明生产检查

1. 根据任务要求，在老师的指导下，小组讨论并列出安全防护措施。

2. 按照安全管理制度和操作规程要求规范穿戴相关防护用品后，以小组为单位由组长进行检查，将检查结果记录在表 2－1－8 中，并签名确认。

表 2－1－8　安全文明生产检查表

姓名		组长签名	
序号	检查项目		记录
1	检查安全文明生产要求和设备安全操作规程是否已熟读		是□　否□
2	检查工作服是否已穿戴好		是□　否□
3	检查身上饰物是否已摘掉		是□　否□
4	检查鞋子是否绝缘、防滑		是□　否□

任务实施

一、设备安装与线路连接

根据教材中的设备安装与接线示意图，在老师的指导下，完成所有设备的安装与线路连接，并进行检查，将检查结果填入表 2－1－9 中。

表 2－1－9　设备安装与线路连接检查表

自检人签名		互检人签名	
序号	检查项目	检查结果	
		自检	互检

续表

序号	检查项目	检查结果	
		自检	互检

二、参数设置与编程

1. 回顾之前所学内容，结合操作实践，在老师的指导下，说一说启动 ETS5 软件后，在参数设置与编程之前，应进行哪些操作。

2. 根据控制要求，结合操作实践，在老师的指导下，说一说移动感应器参数设置中相关参数的含义，并填入表 2－1－10 中。

表 2－1－10　　移动感应器参数设置相关参数的含义

序号	参数	含义
1	Block configuration	

续表

序号	参数	含义
2	Movement Block 1	
3	Movement sensor	
4	Sensitivity、Range	
5	Brightness	
6	Movement detection is	
7	brightness-dependent	
8	Independent of brightness	
9	Output for switching/value object 1	
10	At start of movement	
11	Sends defined value	
12	Time base for staircase timer	
13	Time factor for staircase timer(1-255)	

3. 根据控制要求，结合操作实践，在老师的指导下，说一说开关控制模块应设置哪些参数。

4. 根据控制要求，结合操作实践，在老师的指导下，说一说如何分配群组地址。

三、运行调试

1. 将物理地址和应用程序下载到各个设备之后，要对整个系统进行调试，按照控制要求，逐项运行验证功能能否正常实现，并将调试结果填入表 2－1－11 中。

表 2－1－11　　调试结果记录

序号	调试内容	调试结果

2. 如果功能未正常实现，则需要排查故障，借助 ETS5 软件的诊断功能查找故障原因，小组讨论解决方法，并填入表 2－1－12 中。

表 2－1－12　　故障排查表

序号	故障现象	故障原因	解决方法

四、整理与验收

运行调试结束后，小组成员分工打扫卫生，整理工位，交付验收。按照“6S”管理制度要求完成实训场所的归置，以小组为单位由组长进行检查，将检查结果记录在表 2－1－13 中，并签名确认。

表 2－1－13　　“6S”管理制度要求

姓名		组长签名	
序号	内容		是否完成
1	整理（SEIRI）——要与不要，留弃果断		
2	整顿（SEITON）——科学布局，取用快捷		
3	清扫（SEISO）——清除垃圾，美化环境		
4	清洁（SEIKETSU）——形成制度，贯彻到底		
5	安全（SECURITY）——安全操作，生命第一		
6	素养（SHITSUKE）——养成习惯，以人为本		

展示与评价

一、成果展示

1. 以小组为单位派代表介绍本组的学习成果，听取其他小组对本组学习成果的评价和建议，相互交流经验，并记录在表2－1－14中。

表2－1－14　成果展示记录

工作经验交流	合理化建议

2. 根据其他小组对本组展示成果的评价意见进行归纳总结，完成表2－1－15的填写。

表2－1－15　组间评价表

姓名		组长签名	
项目		记录	
本小组的信息检索能力如何？		良好□　一般□　不足□	
本小组介绍成果时，表达是否清晰合理？		清晰□　需要补充□　不清晰□	
本小组成员的团队合作精神如何？		良好□　一般□　不足□	
本小组成员的创新精神如何？		良好□　一般□　不足□	
出现的问题			
解决的方法			
掌握的技能			

二、任务评价

先按表2－1－16所列项目进行自评，再由组长对组员进行评价，将结果填入表中。

表 2-1-16　　任务评价表

姓名		组长签名			
项目	评价标准		配分	自评	组长评
设备安装	按图实施，完成所有设备的安装与线路连接		5		
	安装方法、步骤正确，布线横平竖直、整洁有序		5		
	所有设备固定安全、牢固、无晃动		5		
	实施过程中导线绝缘层或线芯无损伤		5		
	接线紧固、美观，接点牢固，接头漏铜长度适中，无反圈、压绝缘层问题		5		
	线号标记清楚，无遗漏或误标问题		5		
	中性线和地线颜色选用正确		3		
功能调试	无短路或接地错误		10		
	通电调试时遵守安全操作规程		10		
	探测到移动时灯光自动点亮		10		
	灯亮 15 s 后未探测到移动时灯光自动熄灭		15		
	灯亮 15 s 后探测到移动时重新倒计时		15		
安全文明生产	实施过程中无违规操作		4		
	实施过程中始终保持场地整洁，实施结束后将场地整理干净，符合“6S”管理制度要求		3		
合计			100		

复习巩固

一、填空题

1. 光的本质是________，波长范围为______________________________的电磁波辐射到人的眼睛，经视觉系统转换为________。

2. 光源发出的光的颜色与________在某一温度下辐射的颜色相同时，________的温度称为该光源的色温，用______________表示。

3. 黑体辐射理论是建立在________基础上的，因此，白炽灯等热辐射光源的光谱功率分布与________在可见光区的光谱功率分布比较接近，都是连续光谱，用________完全可以描述这类光源的颜色特性。

4. 光源设计集中在__________________________和__________________________两个色温区。

5. 物体在光源下的显示与在太阳光下的显示的真实度百分比即为____________。

6. 显色指数通常分成________、________、________、________、________五个等级。

7. 光源发射并被人的眼睛接收的能量之和称为________，单位为________。

8. 单位被照面上接收到的光通量称为________，单位为________________。

9. 光源在某一方向上的单位投影面积、单位立体角中发射的光通量称为光源在该方向上的________，单位为________________________________。

10. 光源所发出的总光通量与该光源所消耗的电功率的比值称为该光源的________，单位为____。

11. 眩光按其形成机理分为________眩光、________眩光、________眩光、________眩光、________________等。

12. 照明方式一般可分为________________、________________、________________和________________。

13. 现代生活和生产当中最常用的人造光源是各类电光源，按照发光机理主要分为____________、____________和____________三类。

14. 金属卤化物灯、钠灯是常见的______________________光源。

15. ______________________________是一种常见的电致发光光源，采用电场发光，能够将电能转化为可见光。

16. 建筑照明设计中，通常需要关注的参数是__________、__________、__________。

17. 走廊自动灯光控制系统需要用到的总线设备包括 KNX 电源模块、USB 接口、输入模块——______________和输出模块——__________________________。

18. 2 路 10 A 开关控制模块 MTN649202 可以通过参数设置作为____________或____________使用，每个通道都有____________功能，其功能主要包括____________功能、______________功能、______________功能、______________功能、______________功能、______________功能、____________________功能。

二、判断题

1. 气体放电光源一般为非连续光谱，与黑体辐射的连续光谱不能完全吻合，因此采用相关色温来近似描述其颜色特性。（　）

2. 色温值越低，冷感越强；色温值越高，暖感越强、越柔和。（　）

3. 物体在非连续光谱的气体放电光源的照射下，颜色会有不同程度的失真。（　）

4. 显色指数越小，光源的显色性越好。（　）

5. 适用于机械加工、室外照明的显色指数 Ra 为 20 ~ 40。（　）

6. 通常情况下，同类型的光源，功率越高，光通量越大。（　）

7. 晴朗月夜的地面照度约为 0.2 lx。（　）

8. 在同一房间同一位置的一块白布和一块黑布，两者的照度是不同的，而亮度是相同的。（　）

9. 眩光是指由于亮度分布不适当或亮度变化幅度太大，引起的视觉不舒适或降低观察能力的现象，俗称为“晃眼”。（　）

10. 眩光指数 UGR22 及以下是可以接受的眩光。（　）

11. 在一个工作场所内，不应只采用局部照明。（　）

12. 当需要提高特定区域或目标的照度时，宜采用重点照明。（　）

13. 白炽灯的优点是结构简单、使用方便、价格便宜，缺点是光效低、使用寿命较短，适用于照度要求较低、开关次数频繁的室内、室外照明。（　）

14. 荧光灯和节能灯是常见的气体放电光源。 ( )

15. 发光二极管（LED）灯具有使用寿命长、光效高、能耗低、无辐射等特点。( )

16. 灯具安装高度较低的场所，应按使用要求，采用金属卤化物灯、高压钠灯或高频大功率细管直管荧光灯。 ( )

17. 根据住宅建筑照明标准值的规定，采用混合照明时，厨房操作台台面的照度为 100 lx。 ( )

三、选择题

1. 色温（或相关色温）在（ ）K 以下的光源，颜色偏红，给人一种温暖的感觉。

A. 2 000　　B. 3 300　　C. 4 000　　D. 5 300

2. 色温超过（ ）K 的光源，颜色偏蓝，给人一种清冷的感觉。

A. 2 000　　B. 3 300　　C. 4 000　　D. 5 300

3. 光源对物体真实颜色的呈现程度称为光源的（ ）。

A. 显色性　　B. 真实性　　C. 失真性　　D. 光照性

4. 以标准光源即自然光（色温为 5 500 K 的白光）为准，其显色指数定为（ ），其余光源的显色指数均低于（ ）。

A. 80　　B. 90　　C. 100　　D. 120

5. 适用于颜色匹配、颜色检验（如美术馆、博物馆）的显色指数 Ra（ ）。

A. =80　　B. >90　　C. <90　　D. =90

6. 适用于印刷、喷漆、食品分拣、纺织工艺的显色指数 Ra 为（ ）。

A. 80 ~ 90　　B. >90　　C. 60 ~ 80　　D. 40 ~ 60

7. 夏季阳光强烈的中午的地面照度约为（ ）lx。

A. 2 000　　B. 3 000　　C. 4 000　　D. 5 000

8. 冬季天晴时的地面照度约为（ ）lx。

A. 2 000　　B. 3 000　　C. 4 000　　D. 5 000

9. 眩光指数 UGR 为（ ）是眩光临界值。

A. 16　　B. 19　　C. 22　　D. 28

10. 眩光指数 UGR 为 10 时，（ ）。

A. 勉强感到有眩光　　B. 可以接受的眩光

C. 不舒适的眩光　　D. 不能忍受的眩光

11. （ ）是在正常照明因电源失效后，为确保处于潜在危险状态下的人员安全而设置的照明。

A. 安全照明　　B. 疏散照明

C. 备用照明　　D. 值班照明

12. 在危及航行安全的建筑物、构筑物上，应根据相关部门的规定设置（ ）。

A. 安全照明　　B. 障碍照明

C. 备用照明　　D. 值班照明

13. 卤钨灯的安装要求高、偏角不得大于（　　）、价格较高，适用于照度要求较高、悬挂高度较高的室内、室外照明。

A. 4°　　B. 4.5°　　C. 5°　　D. 6°

14. 照明设计通常不应采用（　　），对电磁干扰有严格要求且其他光源无法满足的特殊场所除外。

A. 日光灯　　B. 白炽灯　　C. 节能灯　　D. LED 灯

15. 教室黑板的照度标准值为（　　）lx。

A. 300　　B. 400　　C. 500　　D. 600

16. 学生宿舍地面的照度标准值为（　　）lx。

A. 100　　B. 150　　C. 200　　D. 300

17. 起居室 0.75 m 水平面的照度标准值为（　　）lx。

A. 100　　B. 150　　C. 200　　D. 300

18. 走道、楼梯间地面的照度标准值为（　　）lx。

A. 50　　B. 80　　C. 100　　D. 200

19. 180°移动感应器 MTN632619 的关闭延迟时间设置范围为（　　），并且可以从总线进行开关或锁闭操作。

A. 1 s ~ 100 h　　B. 1 s ~ 120 h　　C. 1 s ~ 130 h　　D. 1 s ~ 152 h

20. 2 路 10 A 开关控制模块 MTN649202 的额定功率为（　　）W。

A. 1 000　　B. 2 000　　C. 2 500　　D. 3 000

21. 2 路 10 A 开关控制模块 MTN649202 连接的白炽灯负载的最大功率为（　　）W。

A. 1 000　　B. 1 500　　C. 1 700　　D. 2 000

四、简答题

1. 照明设计时，如何确定照明方式？

2. 照明设计时，如何确定照明种类？

3. 简述高强度气体放电光源的特点。

4. 照明设计时，如何选择照明光源？

任务 2 通用调光控制系统的安装与调试

学习任务

学院智能照明实习教室需要安装一套 KNX 智能照明控制系统，能根据用户要求使用智能面板的按键控制灯光的亮度，控制要求如下：使用一个智能面板的 2 个按键控制白炽灯，短按按键 1 时控制白炽灯交替开、关，长按按键 1 时连续调节白炽灯亮度；按下按键 2 时控制白炽灯以 60% 的亮度打开。本任务旨在按照控制要求完成通用调光控制系统的安装与调试。

资讯学习

1. 在老师的指导下回答：通用调光控制系统需要用到哪些总线设备？

2. 观察型号为 MTN649350 的单路 500 W 通用调光模块，在老师的指导下，说一说其功能、参数和安装方式。

任务准备

一、分组和工作计划制订

1. 根据任务要求，小组讨论完成小组成员的任务分工，填入表 2－2－1 中。

表 2－2－1　　小组成员及分工

序号	姓名	任务分工	备注
			组长

2. 根据任务要求，由组长组织讨论、制订工作计划，填入表 2－2－2 中。

表 2－2－2　　工作计划

序号	工作内容	完成时间	责任人

续表

序号	工作内容	完成时间	责任人

二、物料领用

根据任务要求，以小组为单位领取所需器材、资料等，将领到的物料归纳分类并填入表 2－2－3 中，组长组织清点且核对无误后签名确认。

表 2－2－3　　器材、资料清单

姓名			组长签名	
序号	类别	清单		
1	工具			
2	仪表			
3	资料			
4	材料			
5	防护用品			
6	器件			

三、安全文明生产检查

1. 根据任务要求，在老师的指导下，小组讨论并列出安全防护措施。

2. 按照安全管理制度和操作规程要求规范穿戴相关防护用品后，以小组为单位由组长进行检查，将检查结果记录在表2－2－4中，并签名确认。

表2－2－4　　安全文明生产检查表

姓名		组长签名	
序号	检查项目		记录
1	检查安全文明生产要求和设备安全操作规程是否已熟读		是□　否□
2	检查工作服是否已穿戴好		是□　否□
3	检查身上饰物是否已摘掉		是□　否□
4	检查鞋子是否绝缘、防滑		是□　否□

任务实施

一、设备安装与线路连接

根据教材中的设备安装与接线示意图，在老师的指导下，完成所有设备的安装与线路连接，并进行检查，将检查结果填入表2－2－5中。

表2－2－5　　设备安装与线路连接检查表

自检人签名		互检人签名	
序号	检查项目	检查结果	
		自检	互检

续表

序号	检查项目	检查结果	
		自检	互检

二、参数设置与编程

1. 回顾之前所学内容，结合操作实践，在老师的指导下，说一说启动ETS5软件后，在参数设置与编程之前，应进行哪些操作。

2. 根据控制要求，结合操作实践，在老师的指导下，说一说通用调光模块参数设置中相关参数的含义，并填入表2-2-6中。

表2-2-6　通用调光模块参数设置相关参数的含义

序号	参数	含义
1	Channel 1	
2	activated	
3	1: Base dimming curve	
4	can be altered	
5	1: Dimming time reduction	

续表

序号	参数	含义
6	for dimming telegrams to	

3. 根据控制要求，结合操作实践，在老师的指导下，说一说智能面板参数设置中相关参数的含义，并填入表 2-2-7 中。

表 2-2-7　　智能面板参数设置相关参数的含义

序号	参数	含义
1	General	
2	Push-button module	
3	Selection of function、Dimming	
4	1 byte in steps 0%-100%	
5	Action on operation	
6	sends value 1	
7	Action on release、none	

4. 根据控制要求，结合操作实践，在老师的指导下，说一说如何分配群组地址。

三、运行调试

1. 将物理地址和应用程序下载到各个设备之后，要对整个系统进行调试，按照控制要求，逐项运行验证功能能否正常实现，并将调试结果填入表 2－2－8 中。

表 2－2－8　　调试结果记录

序号	调试内容	调试结果

2. 如果功能未正常实现，则需要排查故障，借助 ETS5 软件的诊断功能查找故障原因，小组讨论解决方法，并填入表 2－2－9 中。

表 2－2－9　　故障排查表

序号	故障现象	故障原因	解决方法

续表

序号	故障现象	故障原因	解决方法

四、整理与验收

运行调试结束后，小组成员分工打扫卫生，整理工位，交付验收。按照“6S”管理制度要求完成实训场所的归置，以小组为单位由组长进行检查，将检查结果记录在表 2-2-10 中，并签名确认。

表 2-2-10　“6S”管理制度要求

姓名		组长签名	
序号	内容		是否完成
1	整理（SEIRI）——要与不要，留弃果断		
2	整顿（SEITON）——科学布局，取用快捷		
3	清扫（SEISO）——清除垃圾，美化环境		
4	清洁（SEIKETSU）——形成制度，贯彻到底		
5	安全（SECURITY）——安全操作，生命第一		
6	素养（SHITSUKE）——养成习惯，以人为本		

展示与评价

一、成果展示

1. 以小组为单位派代表介绍本组的学习成果，听取其他小组对本组学习成果的评价和建议，相互交流经验，并记录在表 2-2-11 中。

表 2-2-11　成果展示记录

工作经验交流	合理化建议

2. 根据其他小组对本组展示成果的评价意见进行归纳总结，完成表 2－2－12 的填写。

表 2－2－12　组间评价表

姓名		组长签名	
项目		记录	
本小组的信息检索能力如何？		良好□　一般□　不足□	
本小组介绍成果时，表达是否清晰合理？		清晰□　需要补充□　不清晰□	
本小组成员的团队合作精神如何？		良好□　一般□　不足□	
本小组成员的创新精神如何？		良好□　一般□　不足□	
出现的问题			
解决的方法			
掌握的技能			

二、任务评价

先按表 2－2－13 所列项目进行自评，再由组长对组员进行评价，将结果填入表中。

表 2－2－13　任务评价表

姓名		组长签名		
项目	评价标准	配分	自评	组长评
设备安装	按图实施，完成所有设备的安装与线路连接	5		
	安装方法、步骤正确，布线横平竖直、整洁有序	5		
	所有设备固定安全、牢固、无晃动	5		
	实施过程中导线绝缘层或线芯无损伤	5		
	接线紧固、美观，接点牢固，接头漏铜长度适中，无反圈、压绝缘层问题	5		
	线号标记清楚，无遗漏或误标问题	5		
	中性线和地线颜色选用正确	3		
功能调试	无短路或接地错误	10		
	通电调试时遵守安全操作规程	10		
	按键 1 功能运行正确	20		
	按键 2 功能运行正确	20		

续表

项目	评价标准	配分	自评	组长评
安全文明生产	实施过程中无违规操作	4		
	实施过程中始终保持场地整洁，实施结束后将场地整理干净，符合“6S”管理制度要求	3		
合计		100		

复习巩固

一、填空题

1. 通用调光控制系统需要用到的总线设备包括＿＿＿＿＿＿、＿＿＿＿＿＿、＿＿＿＿＿＿和输出模块——＿＿＿＿＿＿。

2. 单路 500 W 通用调光模块 MTN649350 借助绕线式或电子式＿＿＿＿＿＿对白炽灯、卤素灯进行＿＿＿＿＿＿控制和＿＿＿＿＿＿控制。

3. 单路 500 W 通用调光模块 MTN649350 内置＿＿＿＿＿＿，具有＿＿＿＿＿＿、＿＿＿＿＿＿及对灯具起保护作用的＿＿＿＿＿＿功能。

4. 单路 500 W 通用调光模块 MTN649350 可以设置多种调光＿＿＿＿＿＿和调光＿＿＿＿＿＿，具有＿＿＿＿＿＿功能、＿＿＿＿＿＿功能、＿＿＿＿＿＿功能、＿＿＿＿＿＿功能、＿＿＿＿＿＿功能、＿＿＿＿＿＿或＿＿＿＿＿＿功能、＿＿＿＿＿＿功能、＿＿＿＿＿＿功能。

5. 单路 500 W 通用调光模块 MTN649350 的设备宽度为＿＿＿模数，约＿＿＿＿＿＿mm。

二、判断题

1. 单路 500 W 通用调光模块 MTN649350 能自动识别连接的负载，能连接阻性负载与感性负载的组合。（　　）

2. 单路 500 W 通用调光模块 MTN649350 能连接阻性负载与容性负载的组合，还能连接感性负载与容性负载的组合。（　　）

3. 在 ETS5 软件中，对通用调光模块进行参数设置时，“1: Base dimming curve”（通道 1：基准调光曲线）标签设置通道 1 的基准调光曲线参数。（　　）

4. 在 ETS5 软件中，设置通道 1 的基准调光曲线参数时，不同的灯具根据其自身特点可以设置不同的调光曲线，默认参数不能修改。（　　）

5. 在 ETS5 软件中，对通用调光模块进行参数设置时，可以利用“1: Dimming time reduction”（通道 1：调光时间压缩）标签设置通道 1 的调光时间参数。（　　）

6. 在 ETS5 软件中设置的调光速度参数，百分比值较小时，调光速度较慢；百分比值较大时，调光速度较快。（　　）

三、选择题

1. 单路 500 W 通用调光模块 MTN649350 可以连接的阻性负载最小功率为（　　）W。

A. 20　　B. 30　　C. 40　　D. 100

2. 单路 500 W 通用调光模块 MTN649350 可以连接的负载（阻性 - 感性 - 容性）最小功率为（　　）W。

A. 20　　B. 30　　C. 50　　D. 100

3. 在 ETS5 软件中，对设备进行参数设置时，在“拓扑”工作区面板，通过设备的（　　）标签对设备进行参数设置。

A. “参数”　　B. “通用”

C. “通道”　　D. 按键 1

4. 在 ETS5 软件中，对通用调光模块进行参数设置时，将“Channel 1”（通道 1）参数设置为“activated”（激活），应在（　　）标签界面进行。

A. “参数”　　B. “通用”

C. “通道”　　D. 按键 1

5. 在 ETS5 软件中，对通用调光模块进行参数设置时，进行通道 1 通用参数设置，应在（　　）标签设置。

A. “参数”　　B. “通用”

C. “通道”　　D. 通道 1：通用

6. 在 ETS5 软件中，对智能面板进行参数设置时，应在（　　）标签界面，根据实际使用的智能面板选择对应的类型。

A. “参数”　　B. “通用”

C. “通道”　　D. 通道 1：通用

7. 在 ETS5 软件中，为智能面板进行参数设置时，应在（　　）标签界面，将“Selection of function”（功能选择）参数设置为“Dimming”（调光）。

A. “参数”　　B. “通用”

C. “通道”　　D. 按键 1

8. 在 ETS5 软件中，为智能面板进行参数设置时，应在（　　）标签界面，将“Object A”（组对象 A）参数设置为“1 byte in steps 0%-100%”（百分比）。

A. “参数”　　B. “通用”

C. “通道”　　D. 按键 2：组对象 A

四、简答题

1. 简述通用调光控制系统参数设置与编程的步骤。

2. 简述通用调光控制系统运行调试的步骤。

任务 3　教室智能照明控制系统的安装与调试

学习任务

学院智能照明实习教室需要安装一套 KNX 智能照明控制系统，能根据用户要求使用智能面板的按键控制灯光的亮度，控制要求如下：教室普通照明灯光由智能面板的按键 1 控制，短按按键 1，所有灯光以 1 s 的间隔依次点亮，再次短按按键 1，所有灯光同时熄灭，该功能由开关控制模块实现；教室投影屏幕上方的照明灯光由智能面板的按键 2 控制，短按按键 2 可以交替控制灯光的开、关，长按按键 2 可以调节灯光的亮度，该功能由日光灯调光模块实现。本任务旨在按照控制要求完成教室智能照明控制系统的安装与调试。

资讯学习

1. 在老师的指导下回答：教室智能照明控制系统需要用到哪些总线设备？

2. 观察型号为 MTN647091 的单路日光灯调光模块（0 ~ 10 V），在老师的指导下，说一说其功能、参数和安装方式。

任务准备

一、分组和工作计划制订

1. 根据任务要求，小组讨论完成小组成员的任务分工，填入表 2-3-1 中。

表 2-3-1　　小组成员及分工

序号	姓名	任务分工	备注
			组长

2. 根据任务要求，由组长组织讨论、制订工作计划，填入表 2-3-2 中。

表 2-3-2　　工作计划

序号	工作内容	完成时间	责任人

二、物料领用

根据任务要求，以小组为单位领取所需器材、资料等，将领到的物料归纳分类并填入表 2－3－3 中，组长组织清点且核对无误后签名确认。

表 2－3－3　　器材、资料清单

姓名			组长签名	
序号	类别	清单		
1	工具			
2	仪表			
3	资料			
4	材料			
5	防护用品			
6	器件			

三、安全文明生产检查

1. 根据任务要求，在老师的指导下，小组讨论并列出安全防护措施。

2. 按照安全管理制度和操作规程要求规范穿戴相关防护用品后，以小组为单位由组长进行检查，将检查结果记录在表 2－3－4 中，并签名确认。

表 2－3－4　　安全文明生产检查表

<table>
<tr><td colspan="2">姓名</td><td></td><td>组长签名</td><td></td></tr>
<tr><td>序号</td><td colspan="3">检查项目</td><td>记录</td></tr>
<tr><td>1</td><td colspan="3">检查安全文明生产要求和设备安全操作规程是否已熟读</td><td>是□　否□</td></tr>
<tr><td>2</td><td colspan="3">检查工作服是否已穿戴好</td><td>是□　否□</td></tr>
<tr><td>3</td><td colspan="3">检查身上饰物是否已摘掉</td><td>是□　否□</td></tr>
<tr><td>4</td><td colspan="3">检查鞋子是否绝缘、防滑</td><td>是□　否□</td></tr>
</table>

任务实施

一、设备安装与线路连接

根据教材中的设备安装与接线示意图，在老师的指导下，完成所有设备的安装与线路连接，并进行检查，将检查结果填入表 2－3－5 中。

表 2－3－5　　设备安装与线路连接检查表

<table>
<tr><td colspan="2">自检人签名</td><td></td><td>互检人签名</td><td></td></tr>
<tr><td rowspan="2">序号</td><td colspan="2" rowspan="2">检查项目</td><td colspan="2">检查结果</td></tr>
<tr><td>自检</td><td>互检</td></tr>
<tr><td></td><td colspan="2"></td><td></td><td></td></tr>
<tr><td></td><td colspan="2"></td><td></td><td></td></tr>
<tr><td></td><td colspan="2"></td><td></td><td></td></tr>
<tr><td></td><td colspan="2"></td><td></td><td></td></tr>
<tr><td></td><td colspan="2"></td><td></td><td></td></tr>
<tr><td></td><td colspan="2"></td><td></td><td></td></tr>
</table>

二、参数设置与编程

1. 回顾之前所学内容，结合操作实践，在老师的指导下，说一说启动 ETS5 软件后，在参数设置与编程之前，应进行哪些操作。

2. 根据控制要求，结合操作实践，在老师的指导下，说一说开关控制模块参数设置中相关参数的含义，并填入表 2－3－6 中。

表 2－3－6　　开关控制模块参数设置相关参数的含义

序号	参数	含义
1	Channel config.	
2	Delay times、enabled	
3	Channel 1: Delays	
4	ON delay	
5	enabled, retriggerable	
6	Time base for ON delay、Factor for ON delay(1-255)	
7	OFF delay	

3. 根据控制要求，结合操作实践，在老师的指导下，说一说日光灯调光模块参数设置中相关参数的含义，并填入表 2－3－7 中。

表 2－3－7　日光灯调光模块参数设置相关参数的含义

序号	参数	含义
1	1: General	
2	1: Dimming time reduction	

4. 根据控制要求，结合操作实践，在老师的指导下，说一说智能面板参数设置中相关参数的含义，并填入表 2－3－8 中。

表 2－3－8　智能面板参数设置相关参数的含义

序号	参数	含义
1	Push-button module	
2	Selection of function	
3	Dimming direction	
4	brighter and darker	

5. 根据控制要求，结合操作实践，在老师的指导下，说一说如何分配群组地址。

三、运行调试

1. 将物理地址和应用程序下载到各个设备之后，要对整个系统进行调试，按照控制要求，逐项运行验证功能能否正常实现，并将调试结果填入表 2－3－9 中。

表 2－3－9　　调试结果记录

序号	调试内容	调试结果

2. 如果功能未正常实现，则需要排查故障，借助 ETS5 软件的诊断功能查找故障原因，小组讨论解决方法，并填入表 2－3－10 中。

表 2－3－10　　故障排查表

序号	故障现象	故障原因	解决方法

续表

序号	故障现象	故障原因	解决方法

四、整理与验收

运行调试结束后，小组成员分工打扫卫生，整理工位，交付验收。按照“6S”管理制度要求完成实训场所的归置，以小组为单位由组长进行检查，将检查结果记录在表 2－3－11 中，并签名确认。

表 2－3－11　“6S”管理制度要求

姓名		组长签名	
序号	内容		是否完成
1	整理（SEIRI）——要与不要，留弃果断		
2	整顿（SEITON）——科学布局，取用快捷		
3	清扫（SEISO）——清除垃圾，美化环境		
4	清洁（SEIKETSU）——形成制度，贯彻到底		
5	安全（SECURITY）——安全操作，生命第一		
6	素养（SHITSUKE）——养成习惯，以人为本		

展示与评价

一、成果展示

1. 以小组为单位派代表介绍本组的学习成果，听取其他小组对本组学习成果的评价和建议，相互交流经验，并记录在表 2－3－12 中。

表 2－3－12　成果展示记录

工作经验交流	合理化建议

2. 根据其他小组对本组展示成果的评价意见进行归纳总结，完成表 2－3－13 的填写。

表 2－3－13　　组间评价表

姓名		组长签名	
项目		记录	
本小组的信息检索能力如何？		良好□　一般□　不足□	
本小组介绍成果时，表达是否清晰合理？		清晰□　需要补充□　不清晰□	
本小组成员的团队合作精神如何？		良好□　一般□　不足□	
本小组成员的创新精神如何？		良好□　一般□　不足□	
出现的问题			
解决的方法			
掌握的技能			

二、任务评价

先按表 2－3－14 所列项目进行自评，再由组长对组员进行评价，将结果填入表中。

表 2－3－14　　任务评价表

姓名		组长签名		
项目	评价标准	配分	自评	组长评
设备安装	按图实施，完成所有设备的安装与线路连接	5		
	安装方法、步骤正确，布线横平竖直、整洁有序	5		
	所有设备固定安全、牢固、无晃动	5		
	实施过程中导线绝缘层或线芯无损伤	5		
	接线紧固、美观，接点牢固，接头漏铜长度适中，无反圈、压绝缘层问题	5		
	线号标记清楚，无遗漏或误标问题	5		
	中性线和地线颜色选用正确	3		
功能调试	无短路或接地错误	10		
	通电调试时遵守安全操作规程	10		
	按键 1 功能运行正确	20		
	按键 2 功能运行正确	20		

续表

项目	评价标准	配分	自评	组长评
安全文明生产	实施过程中无违规操作	4		
	实施过程中始终保持场地整洁，实施结束后将场地整理干净，符合“6S”管理制度要求	3		
合计		100		

复习巩固

一、填空题

1. 单路日光灯调光模块（0 ~ 10 V）MTN647091 可以设置多种__________和__________，具有__________功能、__________功能、__________功能、__________功能、__________功能、__________功能、__________或__________功能、__________功能、__________功能、总线电压__________功能。

2. 单路日光灯调光模块（0 ~ 10 V）MTN647091 的 0 ~ 10 V 接口用于调节__________或__________的亮度，通常用于控制__________调光。

二、判断题

1. 教室智能照明控制系统需要用到的总线设备包括 KNX 电源模块、USB 接口、智能面板、开关控制模块和日光灯调光模块。（　　）

2. 单路日光灯调光模块（0 ~ 10 V）MTN647091 内部的 230 V 开关输出不可以通过手动开关操作。（　　）

3. 单路日光灯调光模块（0 ~ 10 V）MTN647091 连接卤钨灯负载的最大功率为 2 500 W。（　　）

4. 在 ETS5 软件中，开关控制模块和日光灯调光模块应根据教室实际安装的灯具数量来选择通道数量。（　　）

5. 在 ETS5 软件中，对日光灯调光模块进行参数设置时，在“1: General”（通道 1：通用）标签界面，可以设置的参数比较少。（　　）

6. 在 ETS5 软件中，调光时间压缩参数设置用百分比表示，若百分比值太大，则观察不到调光过程；若百分比值太小，则调光速度太慢，等待时间较长。（　　）

三、选择题

1. 单路日光灯调光模块（0 ~ 10 V）MTN647091 的（　　）接口用于调节 LED 驱动器或变压器负载的亮度，通常用于控制 LED 日光灯调光。

A. 0 ~ 5 V　　B. 0 ~ 6 V　　C. 0 ~ 10 V　　D. 0 ~ 12 V

2. 单路日光灯调光模块（0 ~ 10 V）MTN647091 的额定功率为（　　）W。

A. 500　　B. 1 000　　C. 2 000　　D. 3 600

3. 单路日光灯调光模块（0 ~ 10 V）MTN647091 连接 LED 日光灯负载的最大功率为（　　）W。

A. 1 000　　B. 2 000　　C. 3 600　　D. 5 000

4. 单路日光灯调光模块（0～10 V）MTN647091 连接容性负载的最大功率为（　　）W。

A. 1 000　　B. 2 000　　C. 3 600　　D. 5 000

5. 单路日光灯调光模块（0～10 V）MTN647091 无补偿时的最大功率为（　　）W。

A. 1 000　　B. 2 500　　C. 3 600　　D. 5 000

6. 在 ETS5 软件中，对设备进行参数设置时，应在“拓扑”工作区面板，通过设备的（　　）标签对设备进行参数设置。

A. “参数”　　B. “通用”　　C. “通道”　　D. 按键 1

7. 在 ETS5 软件中，对开关控制模块进行参数设置时，应在（　　）标签界面，根据实际需要打开相应的通道。

A. “参数”　　B. “通用”　　C. “通道”　　D. “通道配置”

8. 在 ETS5 软件中，对日光灯调光模块进行参数设置时，应在（　　）标签界面，根据实际需要打开相应的通道。

A. “参数”　　B. “通用”　　C. “通道”　　D. “通道配置”

9. 在 ETS5 软件中，对智能面板进行参数设置时，应在（　　）标签界面，根据实际使用的智能面板选择相应的类型。

A. “参数”　　B. “通用”　　C. “通道”　　D. “通道配置”

10. 在 ETS5 软件中，对智能面板进行参数设置时，应在（　　）标签界面，将“Selection of function”（功能选择）参数设置为“Toggle”（切换）。

A. “参数”　　B. “通用”　　C. “通道”　　D. 按键 1

11. 在 ETS5 软件中，对智能面板进行参数设置时，应在（　　）标签界面，将“Selection of function”（功能选择）参数设置为“Dimming”（调光），将“Dimming direction”（调光方向）参数设置为“brighter and darker”（更亮和更暗）。

A. “参数”　　B. “通用”　　C. 按键 1　　D. 按键 2

四、简答题

1. 简述教室智能照明控制系统参数设置与编程的步骤。

2. 在 ETS5 软件中，如何将参数和应用程序下载到设备中？

3. 简述教室智能照明控制系统运行调试的步骤。

课题三 会议室场景控制系统的安装与调试

任务1 会议室场景的勘察和规划

学习任务

学院新设一间多功能会议室，需要安装一套KNX智能场景控制系统，本任务旨在熟悉会议室的布置类型和KNX系统场景控制的概念，完成会议室场景的勘察和规划。

资讯学习

1. 在老师的指导下，说一说各种会议室布置类型的特点和适用范围，填入表3-1-1中。

表3-1-1 会议室布置类型的特点和适用范围

布置类型	特点	适用范围
剧院式		
课堂式		
宴会式		
鸡尾酒式		

续表

布置类型	特点	适用范围
U 形		
董事会形		

2. 在老师的指导下，说一说会议室场景控制的概念。

任务准备

一、分组和工作计划制订

1. 根据任务要求，小组讨论完成小组成员的任务分工，填入表 3 – 1 – 2 中。

表 3 – 1 – 2　　小组成员及分工

序号	姓名	任务分工	备注
			组长

2. 根据任务要求，由组长组织讨论、制订工作计划，填入表 3 – 1 – 3 中。

表 3 – 1 – 3　　工作计划

序号	工作内容	完成时间	责任人

续表

序号	工作内容	完成时间	责任人

二、物料领用

根据任务要求，以小组为单位领取所需器材、资料等，将领到的物料归纳分类并填入表3－1－4中，组长组织清点且核对无误后签名确认。

表3－1－4　　器材、资料清单

姓名			组长签名	
序号	类别	清单		
1	工具			
2	仪表			
3	资料			
4	材料			

续表

序号	类别	清单
5	防护用品	
6	器件	

三、安全文明生产检查

1. 根据任务要求，在老师的指导下，小组讨论并列出安全防护措施。

2. 按照安全管理制度和操作规程要求规范穿戴相关防护用品后，以小组为单位由组长进行检查，将检查结果记录在表 3－1－5 中，并签名确认。

表 3－1－5　　安全文明生产检查表

姓名		组长签名	
序号	检查项目		记录
1	检查安全文明生产要求和设备安全操作规程是否已熟读		是□　否□
2	检查工作服是否已穿戴好		是□　否□
3	检查身上饰物是否已摘掉		是□　否□
4	检查鞋子是否绝缘、防滑		是□　否□

任务实施

一、沟通与勘察

1. 与用户进行讨论确定会议室场景控制系统的设计需求，在老师的指导下，将与用户沟通的情况记录在表 3－1－6 中。

表 3－1－6　　用户沟通情况记录表

序号	沟通事宜	沟通结果	备注
1	会议室布置方式		

续表

序号	沟通事宜	沟通结果	备注
2	会议室环境控制要求		
3	设备（产品）选择要求		
4	其他		

2. 明确用户需求后，到现场进行勘察，在老师的指导下，将现场勘察的内容记录在表3－1－7中。

表3－1－7　　**现场勘察内容记录表**

序号	勘察内容	勘察结果	备注

续表

序号	勘察内容	勘察结果	备注

3. 根据会议室布局和用户控制要求，在老师的指导下，小组讨论并制定会议室场景控制系统的规划。

二、设备（产品）选型

1. 在老师的指导下，说一说感应器、智能面板选型的要求。

2. 在老师的指导下，说一说执行器（输出设备）选型的要求。

三、成本预算

确定会议室场景控制系统所需的设备型号和数量后，可以进行初步的成本预算，在老师的指导下，小组讨论完成会议室场景控制系统的成本预算，并记录在表 3－1－8 中。

表 3－1－8　成本预算表

项目	类别				总价
规划设计	设计费				
设备和材料采购	名称	型号/订货号	数量	单价	
	KNX 电源模块				
	窗帘控制模块				
	USB 接口				
	开关控制模块				
	日光灯调光模块				
	通用调光模块				
	智能面板				
	导线				
	配电箱				
	电力辅料				
安装与调试	人工费				
更改与扩展	预留或通信扩展				
合计					

四、整理与验收

按照“6S”管理制度要求完成实训场所的归置，以小组为单位由组长进行检查，将检查结果记录在表 3－1－9 中，并签名确认。

表 3－1－9　“6S”管理制度要求

姓名		组长签名	
序号	内容		是否完成
1	整理（SEIRI）——要与不要，留弃果断		
2	整顿（SEITON）——科学布局，取用快捷		
3	清扫（SEISO）——清除垃圾，美化环境		
4	清洁（SEIKETSU）——形成制度，贯彻到底		
5	安全（SECURITY）——安全操作，生命第一		
6	素养（SHITSUKE）——养成习惯，以人为本		

展示与评价

一、成果展示

1. 以小组为单位派代表介绍本组的学习成果，听取其他小组对本组学习成果的评价和建议，相互交流经验，并记录在表 3－1－10 中。

表 3－1－10　　成果展示记录

工作经验交流	合理化建议

2. 根据其他小组对本组展示成果的评价意见进行归纳总结，完成表 3－1－11 的填写。

表 3－1－11　　组间评价表

姓名		组长签名	
项目		记录	
本小组的信息检索能力如何？		良好□　一般□　不足□	
本小组介绍成果时，表达是否清晰合理？		清晰□　需要补充□　不清晰□	
本小组成员的团队合作精神如何？		良好□　一般□　不足□	
本小组成员的创新精神如何？		良好□　一般□　不足□	
出现的问题			
解决的方法			
掌握的技能			

二、任务评价

先按表3－1－12所列项目进行自评，再由组长对组员进行评价，将结果填入表中。

表3－1－12　　**任务评价表**

姓名		组长签名			
项目	评价标准	配分	自评	组长评
沟通与勘察	与客户沟通有效到位，未漏掉关键信息	15		
	场地测绘误差符合要求	15		
设备（产品）选型	设备（产品）型号选择合适	15		
	设备（产品）数量选择正确	15		
成本预算	预算项目全面，无遗漏	15		
	预算误差在合理范围内	15		
安全文明生产	实施过程中无违规操作	5		
	实施过程中始终保持场地整洁，实施结束后将场地整理干净，符合“6S”管理制度要求	5		
合计		100		

复习巩固

一、填空题

1. 会议室一般用于召开会议、________、________、________和________等。

2. 标准化会议室类型通常包括________、________、________、________和________。

3. 剧院式会议室布置方式适用于例会和大型代表会等不需要______和______的会议。

4. 宴会式会议室布置方式一般适用于________和________。

5. U形会议室布置方式一般适用于______、______会议。

6. 会议室场景控制就是通过__________实现对会议室内的多种设备如窗帘、灯光、空调、影音系统等进行快捷控制。

7. KNX系统成本预算的项目包括________、________、________，以及可能发生的____________等。

二、判断题

1. 会议室的布置类型可以是标准化的，也可以是个性化的。（　　）

2. 剧院式会议室与电影院基本相同，正前方是主席台，面向主席台的是观众席，观众席座位前要摆放桌子。（　　）

3. 课堂式会议室布置方式适用于专业学术机构举办的、具有培训性质的会议。（　　）

4. 鸡尾酒式会议室一般不安排或仅安排少量座位，参会人员拿取食物后可自由走动交流。（　　）

5. 鸡尾酒式会议室布置方式比较灵活，有固定的模式，所能容纳的人数仅次于剧院式。（　　）

6. 董事会形会议室布置方式一般只适用于小型会议。（　　）

7. 不论采用何种布置方式，会议室布置的目的都是为会议服务的，或方便进出，或增强沟通，或传递信息。（　　）

三、选择题

1. 宴会式会议室由圆桌组成，在培训性会议中，每个圆桌一般安排（　　）人左右就座，以便于同桌人员进行互动和交流。

A. 6　　B. 8　　C. 10　　D. 12

2. （　　）会议室布置方式比较灵活，没有固定的模式，所能容纳的人数较多。

A. 剧院式　　B. 课堂式　　C. 宴会式　　D. 鸡尾酒式

3. （　　）会议室布置方式适用于专业学术机构举办的、具有培训性质的会议。

A. 剧院式　　B. 课堂式　　C. 宴会式　　D. 鸡尾酒式

四、简答题

1. 如何进行会议室现场勘察？

2. 根据会议室布局和用户控制要求，制订会议室场景控制系统规划时，特别要注意哪些问题？

3. 如何进行 KNX 系统的设备（产品）选型？

4. 感应器、智能面板选型应注意哪些问题？

5. 执行器（输出设备）选型应主要考虑哪些因素？

任务 2　基于智能面板实现的会议室场景控制系统的安装与调试

学习任务

学院新设一间多功能会议室，需要安装一套 KNX 智能场景控制系统，能够根据不同场景对灯光、窗帘进行快速控制，控制要求如下：为智能面板的 3 个按键分别设置三个不同的应用场景，其中，场景一为白天会议模式，灯光全部熄灭，窗帘打开；场景二为晚上会议模式，灯光全部点亮，窗帘关闭；场景三为投影模式，座位上方灯光亮度为 20%，投影屏幕上方灯光熄灭，窗帘关闭。本任务旨在按照控制要求完成基于智能面板实现的会议室场景控制系统的安装与调试。

资讯学习

在老师的指导下回答：基于智能面板实现的会议室场景控制系统需要用到哪些总线设备？

任务准备

一、分组和工作计划制订

1. 根据任务要求，小组讨论完成小组成员的任务分工，填入表 3－2－1 中。

表 3－2－1　　小组成员及分工

序号	姓名	任务分工	备注
			组长

2. 根据任务要求，由组长组织讨论、制订工作计划，填入表 3－2－2 中。

表 3－2－2　　工作计划

序号	工作内容	完成时间	责任人

二、物料领用

根据任务要求，以小组为单位领取所需器材、资料等，将领到的物料归纳分类并填入表 3 – 2 – 3 中，组长组织清点且核对无误后签名确认。

表 3 – 2 – 3　　器材、资料清单

姓名			组长签名	
序号	类别	清单		
1	工具			
2	仪表			
3	资料			
4	材料			
5	防护用品			
6	器件			

三、安全文明生产检查

1. 根据任务要求，在老师的指导下，小组讨论并列出安全防护措施。

2. 按照安全管理制度和操作规程要求规范穿戴相关防护用品后，以小组为单位由组长进行检查，将检查结果记录在表 3－2－4 中，并签名确认。

表 3－2－4　　安全文明生产检查表

姓名		组长签名	
序号	检查项目		记录
1	检查安全文明生产要求和设备安全操作规程是否已熟读		是□　否□
2	检查工作服是否已穿戴好		是□　否□
3	检查身上饰物是否已摘掉		是□　否□
4	检查鞋子是否绝缘、防滑		是□　否□

任务实施

一、设备安装与线路连接

根据教材中的设备安装与接线示意图，在老师的指导下，完成所有设备的安装与线路连接，并进行检查，将检查结果填入表 3－2－5 中。

表 3－2－5　　设备安装与线路连接检查表

自检人签名		互检人签名	
序号	检查项目	检查结果	
		自检	互检

二、参数设置与编程

1. 回顾之前所学内容，结合操作实践，在老师的指导下，说一说启动 ETS5 软件后，在参数设置与编程之前，应进行哪些操作。

2. 根据控制要求，结合操作实践，在老师的指导下，说一说开关控制模块应设置哪些参数。

3. 根据控制要求，结合操作实践，在老师的指导下，说一说通用调光模块应设置哪些参数。

4. 根据控制要求，结合操作实践，在老师的指导下，说一说日光灯调光模块应设置哪些参数。

5. 根据控制要求，结合操作实践，在老师的指导下，说一说窗帘控制模块应设置哪些参数。

6. 根据控制要求，结合操作实践，在老师的指导下，说一说智能面板参数设置中相关参数的含义，并填入表 3－2－6 中。

表 3－2－6　智能面板参数设置相关参数的含义

序号	参数	含义
1	Scene module	
2	switched on	
3	Scene actuator groups	
4	Switch object	
5	Value object	
6	Priority object	
7	Scene 1 values	
8	Scene 1	
9	Scene is called up with subsequent value(0-63)	
10	Scene address(0-63)	

7. 根据控制要求，结合操作实践，在老师的指导下，为各个设备分配群组地址，并填入表 3－2－7 中。

表 3－2－7　　　　设备的群组地址

序号	设备	组对象	群组地址
1	开关控制模块		
2	通用调光模块		
3	日光灯调光模块		
4	窗帘控制模块		
5	智能面板		

三、运行调试

1. 将物理地址和应用程序下载到各个设备之后，要对整个系统进行调试，按照控制要求，逐项运行验证功能能否正常实现，并将调试结果填入表 3－2－8 中。

表 3－2－8　调试结果记录

序号	调试内容	调试结果

2. 如果功能未正常实现，则需要排查故障，借助 ETS5 软件的诊断功能查找故障原因，小组讨论解决方法，并填入表 3－2－9 中。

表 3－2－9　故障排查表

序号	故障现象	故障原因	解决方法

续表

序号	故障现象	故障原因	解决方法

四、整理与验收

运行调试结束后，小组成员分工打扫卫生，整理工位，交付验收。按照“6S”管理制度要求完成实训场所的归置，以小组为单位由组长进行检查，将检查结果记录在表 3－2－10 中，并签名确认。

表 3－2－10　　“6S”管理制度要求

姓名		组长签名	
序号	内容		是否完成
1	整理（SEIRI）——要与不要，留弃果断		
2	整顿（SEITON）——科学布局，取用快捷		
3	清扫（SEISO）——清除垃圾，美化环境		
4	清洁（SEIKETSU）——形成制度，贯彻到底		
5	安全（SECURITY）——安全操作，生命第一		
6	素养（SHITSUKE）——养成习惯，以人为本		

展示与评价

一、成果展示

1. 以小组为单位派代表介绍本组的学习成果，听取其他小组对本组学习成果的评价和建议，相互交流经验，并记录在表 3－2－11 中。

表 3－2－11　　成果展示记录

工作经验交流	合理化建议

2. 根据其他小组对本组展示成果的评价意见进行归纳总结，完成表 3－2－12 的填写。

表 3－2－12　　组间评价表

姓名		组长签名	
项目		记录	
本小组的信息检索能力如何？		良好□　一般□　不足□	
本小组介绍成果时，表达是否清晰合理？		清晰□　需要补充□　不清晰□	
本小组成员的团队合作精神如何？		良好□　一般□　不足□	
本小组成员的创新精神如何？		良好□　一般□　不足□	
出现的问题			
解决的方法			
掌握的技能			

二、任务评价

先按表 3－2－13 所列项目进行自评，再由组长对组员进行评价，将结果填入表中。

表 3－2－13　　任务评价表

姓名		组长签名		
项目	评价标准	配分	自评	组长评
设备安装	按图实施，完成所有设备的安装与线路连接	5		
	安装方法、步骤正确，布线横平竖直、整洁有序	5		
	所有设备固定安全、牢固、无晃动	5		
	实施过程中导线绝缘层或线芯无损伤	5		
	接线紧固、美观，接点牢固，接头漏铜长度适中，无反圈、压绝缘层问题	5		
	线号标记清楚，无遗漏或误标问题	5		
	中性线和地线颜色选用正确	3		
功能调试	无短路或接地错误	5		
	通电调试时遵守安全操作规程	10		
	按键 1 功能运行正确	15		

续表

项目	评价标准	配分	自评	组长评
功能调试	按键 2 功能运行正确	15		
	按键 3 功能运行正确	15		
安全文明生产	实施过程中无违规操作	4		
	实施过程中始终保持场地整洁，实施结束后将场地整理干净，符合“6S”管理制度要求	3		
合计		100		

复习巩固

一、填空题

基于智能面板实现的会议室场景控制系统需要用到的总线设备包括＿＿＿＿＿＿＿＿、＿＿＿＿＿＿＿＿、＿＿＿＿＿＿＿＿、＿＿＿＿＿＿＿＿、＿＿＿＿＿＿＿＿、＿＿＿＿＿＿＿＿、＿＿＿＿＿＿＿＿和＿＿＿＿＿＿＿＿。

二、判断题

1. KNX 系统的系统设备由 KNX 电源模块、USB 接口和智能面板组成。（　　）

2. 在 ETS5 软件中，对日光灯调光模块进行参数设置时，在日光灯调光模块的“参数”标签界面，根据实际需要打开相应的通道，设置合适的调光速度。（　　）

3. 在 ETS5 软件中，开关控制模块所控制的灯光在每个场景中均为同时开、关，因此，所有通道分配相同的组地址。（　　）

三、选择题

1. 智能面板属于 KNX 系统的（　　）设备。

A. 系统　　B. 输入　　C. 输出　　D. 功能

2. KNX 系统的输出设备不包括（　　）。

A. 开关控制模块　　B. 窗帘控制模块

C. 通用调光模块　　D. USB 接口

3. 在 ETS5 软件中，对开关控制模块进行参数设置时，应在（　　）标签界面，根据实际需要打开相应的通道。

A. “参数”　　B. “通用”　　C. “通道”　　D. “通道配置”

4. 在 ETS5 软件中，对通用调光模块进行参数设置时，应在（　　）标签界面，根据实际需要打开相应的通道。

A. “参数”　　B. “通用”　　C. “通道”　　D. “通道配置”

5. 在 ETS5 软件中，对窗帘控制模块进行参数设置时，可在（　　）标签界面，将“Channel 1 operation mode”（通道 1 操作模式）参数设置为“Roller shutter”（卷帘）。

A. “参数”　　B. “通用”　　C. “通道”　　D. “通道配置”

6. 在 ETS5 软件中，对智能面板进行参数设置时，可在（　　）标签界面，根据实际使用的智能面板类型，将“Push-button module”（按键组件）参数设置为“4-gang IR”（带红外功能的八键智能面板）。

A. “参数”　　B. “通用”　　C. “通道”　　D. “通道配置”

7. 在 ETS5 软件中，对智能面板进行参数设置时，可在（　　）标签界面，设置各个执行器的组对象类型。

A. “通道配置”　　B. “通用”　　C. “通道”　　D. “场景执行器组”

8. 在 ETS5 软件中，对智能面板分别设置各个场景的调用值，各个场景的调用值设定范围为（　　），不能重复。

A. 0 ~ 16　　B. 0 ~ 32　　C. 0 ~ 63　　D. 0 ~ 72

四、简答题

1. 基于智能面板实现的会议室场景控制系统需要用到的总线设备主要有哪些?

2. 简述基于智能面板实现的会议室场景控制系统的运行调试步骤。

任务 3　基于执行器实现的会议室场景控制系统的安装与调试

学习任务

学院新设一间多功能会议室，需要安装一套 KNX 智能场景控制系统，能够根据不同场景对灯光、窗帘进行快速控制，控制要求如下：为智能面板的 3 个按键分别设置三个不同的应用场景，其中，场景一为白天会议模式，灯光全部熄灭，窗帘打开；场景二为晚上会议模式，灯光全部点亮，窗帘关闭；场景三为投影模式，座位上方灯光亮度为 20%，投影屏幕上方灯光熄灭，窗帘关闭。本任务旨在按照控制要求完成基于执行器实现的会议室场景控制系统的安装与调试。

资讯学习

在老师的指导下回答：基于执行器实现的会议室场景控制系统需要用到哪些总线设备？

任务准备

一、分组和工作计划制订

1. 根据任务要求，小组讨论完成小组成员的任务分工，填入表 3－3－1 中。

表 3－3－1　小组成员及分工

序号	姓名	任务分工	备注
			组长

2. 根据任务要求，由组长组织讨论、制订工作计划，填入表 3－3－2 中。

表 3－3－2　工作计划

序号	工作内容	完成时间	责任人

续表

序号	工作内容	完成时间	责任人

二、物料领用

根据任务要求，以小组为单位领取所需器材、资料等，将领到的物料归纳分类并填入表 3－3－3 中，组长组织清点且核对无误后签名确认。

表 3－3－3　　器材、资料清单

姓名			组长签名	
序号	类别	清单		
1	工具			
2	仪表			
3	资料			
4	材料			
5	防护用品			
6	器件			

三、安全文明生产检查

1. 根据任务要求，在老师的指导下，小组讨论并列出安全防护措施。

2. 按照安全管理制度和操作规程要求规范穿戴相关防护用品后，以小组为单位由组长进行检查，将检查结果记录在表 3－3－4 中，并签名确认。

表 3－3－4　　安全文明生产检查表

姓名		组长签名	
序号	检查项目		记录
1	检查安全文明生产要求和设备安全操作规程是否已熟读		是□　否□
2	检查工作服是否已穿戴好		是□　否□
3	检查身上饰物是否已摘掉		是□　否□
4	检查鞋子是否绝缘、防滑		是□　否□

任务实施

一、设备安装与线路连接

根据教材中的设备安装与接线示意图，在老师的指导下，完成所有设备的安装与线路连接，并进行检查，将检查结果填入表 3－3－5 中。

表 3－3－5　　设备安装与线路连接检查表

自检人签名		互检人签名	
序号	检查项目	检查结果	
		自检	互检

续表

<table>
<tr><th rowspan="2">序号</th><th rowspan="2">检查项目</th><th colspan="2">检查结果</th></tr>
<tr><th>自检</th><th>互检</th></tr>
<tr><td></td><td></td><td></td><td></td></tr>
<tr><td></td><td></td><td></td><td></td></tr>
<tr><td></td><td></td><td></td><td></td></tr>
</table>

二、参数设置与编程

1. 回顾之前所学内容，结合操作实践，在老师的指导下，说一说启动 ETS5 软件后，在参数设置与编程之前，应进行哪些操作。

2. 根据控制要求，结合操作实践，在老师的指导下，说一说开关控制模块参数设置中相关参数的含义，并填入表 3－3－6 中。

表 3－3－6　　开关控制模块参数设置相关参数的含义

序号	参数	含义
1	Scenes in general	
2	enabled	
3	Channel 1: Scenes	
4	Scene 1: Scene address(0-63)	

续表

序号	参数	含义
5	Scene 1: Relay state	
6	Overwrite scene values in the actuator during download	

3. 根据控制要求，结合操作实践，在老师的指导下，说一说通用调光模块参数设置中相关参数的含义，并填入表 3－3－7 中。

表 3－3－7　通用调光模块参数设置相关参数的含义

序号	参数	含义
1	Scenes	
2	enabled	
3	Scene 1: Brightness value in %	
4	activated	

4. 根据控制要求，结合操作实践，在老师的指导下，说一说日光灯调光模块应设置哪些参数。

5. 根据控制要求，结合操作实践，在老师的指导下，说一说窗帘控制模块参数设置中相关参数的含义，并填入表 3－3－8 中。

表 3－3－8　窗帘控制模块参数设置相关参数的含义

序号	参数	含义
1	Scenes in general	
2	Channel 1 operation mode	
3	Roller shutter	
4	Scenes	
5	Scene 1: Height position in %	

6. 根据控制要求，结合操作实践，在老师的指导下，说一说智能面板参数设置中相关参数的含义，并填入表 3－3－9 中。

表 3－3－9　智能面板参数设置相关参数的含义

序号	参数	含义
1	General	
2	Push-button 3	
3	Push-button module	
4	Selection of function	
5	Scene	

7. 根据控制要求，结合操作实践，在老师的指导下，为各个设备分配群组地址，并填入表3－3－10中。

表3－3－10　　设备的群组地址

序号	设备	组对象	群组地址
1	开关控制模块		
2	通用调光模块		
3	日光灯调光模块		
4	窗帘控制模块		
5	智能面板		

三、运行调试

1. 将物理地址和应用程序下载到各个设备之后，要对整个系统进行调试，按照控制要求，逐项运行验证功能能否正常实现，并将调试结果填入表 3－3－11 中。

表 3－3－11　调试结果记录

序号	调试内容	调试结果

2. 如果功能未正常实现，则需要排查故障，借助 ETS5 软件的诊断功能查找故障原因，小组讨论解决方法，并填入表 3－3－12 中。

表 3－3－12　故障排查表

序号	故障现象	故障原因	解决方法

续表

序号	故障现象	故障原因	解决方法

四、总结反思

本课题任务 2 和任务 3 用到的设备完全一致，安装与接线也完全一致，只是在设备参数设置和组地址分配时有所区别，小组讨论并在老师的指导下回答：两种实现会议室场景控制系统的方法有什么区别？在执行场景控制时，各个设备的动作情况是否同步？为什么？

五、整理与验收

运行调试结束后，小组成员分工打扫卫生，整理工位，交付验收。按照“6S”管理制度要求完成实训场所的归置，以小组为单位由组长进行检查，将检查结果记录在表 3－3－13 中，并签名确认。

表 3－3－13　　“6S”管理制度要求

姓名		组长签名	
序号	内容		是否完成
1	整理（SEIRI）——要与不要，留弃果断		
2	整顿（SEITON）——科学布局，取用快捷		
3	清扫（SEISO）——清除垃圾，美化环境		
4	清洁（SEIKETSU）——形成制度，贯彻到底		
5	安全（SECURITY）——安全操作，生命第一		
6	素养（SHITSUKE）——养成习惯，以人为本		

展示与评价

一、成果展示

1. 以小组为单位派代表介绍本组的学习成果，听取其他小组对本组学习成果的评价和建议，相互交流经验，并记录在表 3 - 3 - 14 中。

表 3 - 3 - 14　　成果展示记录

工作经验交流	合理化建议

2. 根据其他小组对本组展示成果的评价意见进行归纳总结，完成表 3 - 3 - 15 的填写。

表 3 - 3 - 15　　组间评价表

姓名		组长签名	
项目		记录	
本小组的信息检索能力如何？		良好□　一般□　不足□	
本小组介绍成果时，表达是否清晰合理？		清晰□　需要补充□　不清晰□	
本小组成员的团队合作精神如何？		良好□　一般□　不足□	
本小组成员的创新精神如何？		良好□　一般□　不足□	
出现的问题			
解决的方法			
掌握的技能			

二、任务评价

先按表 3 - 3 - 16 所列项目进行自评，再由组长对组员进行评价，将结果填入表中。

表 3－3－16　　任务评价表

姓名		组长签名			
项目	评价标准	配分	自评	组长评
设备安装	按图实施，完成所有设备的安装与线路连接	5		
	安装方法、步骤正确，布线横平竖直、整洁有序	5		
	所有设备固定安全、牢固、无晃动	5		
	实施过程中导线绝缘层或线芯无损伤	5		
	接线紧固、美观，接点牢固，接头漏铜长度适中，无反圈、压绝缘层问题	5		
	线号标记清楚，无遗漏或误标问题	5		
	中性线和地线颜色选用正确	3		
功能调试	无短路或接地错误	5		
	通电调试时遵守安全操作规程	10		
	按键 1 功能运行正确	15		
	按键 2 功能运行正确	15		
	按键 3 功能运行正确	15		
安全文明生产	实施过程中无违规操作	4		
	实施过程中始终保持场地整洁，实施结束后将场地整理干净，符合“6S”管理制度要求	3		
合计		100		

复习巩固

一、填空题

采用基于执行器实现的会议室场景控制系统实现场景控制时，所有的组对象分配的是________个组地址，调用场景时智能面板只需要发送____个组地址信号即可。

二、判断题

1. 采用基于智能面板实现的会议室场景控制系统实现场景控制时，对于大型场景需要用到的设备很多，会发送大量组地址信息占用总线资源，可能会导致信号丢失，各个执行器不能同时接收到信号。（　　）

2. 采用基于智能面板实现的会议室场景控制系统实现场景控制时，各个执行器的动作可以同时进行，相对于基于执行器实现的会议室场景控制系统更加可靠、快捷。（　　）

三、选择题

1. 在 ETS5 软件中，对开关控制模块进行参数设置时，在“Channel 1: Scenes”（通道 1：场景）标签界面，最多可以设置（　　）个场景。

A. 4　　B. 5　　C. 8　　D. 10

2. 在 ETS5 软件中，对通用调光模块进行参数设置时，在“1: Scenes”（通道 1：场景）标签界面，最多可以设置（　　）个场景。

A. 4　　B. 5　　C. 8　　D. 10

3. 在 ETS5 软件中，对通用调光模块进行参数设置时，应在（　　）标签界面，将参数设置为合适的调光速度。

A. “参数”　　B. “通用”

C. “通道 1：调光时间压缩”　　D. “通道 2”

4. 在 ETS5 软件中，对窗帘控制模块进行参数设置时，应在“Channel config.”（通道配置）标签界面，将“Channel 1 operation mode”（通道 1 操作模式）参数设置为（　　）。

A. “启用”　　B. “激活”　　C. “卷帘”　　D. “驱动”

5. 在 ETS5 软件中，对窗帘控制模块进行参数设置时，应在“1: Drive”（通道 1：驱动）标签界面，设置窗帘（　　）。

A. 运动时间　　B. 运动速度　　C. 卷帘速度　　D. 运动距离

6. 在 ETS5 软件中，对智能面板进行参数设置时，在（　　）标签界面，根据实际使用的智能面板类型，将“Push-button module”（按键组件）参数设置为“4-gang IR”（带红外功能的八键智能面板）。

A. “参数”　　B. “通用”　　C. “通道”　　D. “通道配置”

7. 在 ETS5 软件中，对智能面板进行参数设置时，在（　　）标签界面，不能将“Selection of function”（功能设置）参数设置为“Scene”（场景）。

A. “参数”　　B. “按键 1”　　C. “按键 2”　　D. “按键 3”

四、简答题

1. 简述基于执行器实现的会议室场景控制系统的运行调试步骤。

2. 采用基于智能面板和采用基于执行器实现的会议室场景控制系统实现场景控制时，各有哪些特点？